不要相信
你所想的一切

如何停止过度思考，克服焦虑、自我怀疑和自我破坏

[美] 约瑟夫·阮 Joseph Nguyen◎著　　毕　然◎译

北京联合出版公司
Beijing United Publishing Co.,Ltd.

图书在版编目（ＣＩＰ）数据

不要相信你所想的一切：如何停止过度思考，克服
焦虑、自我怀疑和自我破坏 /（美）约瑟夫·阮著；毕
然译. -- 北京：北京联合出版公司，2024.3（2024.5重印）

ISBN 978-7-5596-7277-3

Ⅰ.①不… Ⅱ.①约…②毕… Ⅲ.①焦虑—心理调
节—通俗读物 Ⅳ.①B842.6-49

中国国家版本馆CIP数据核字(2023)第235809号

Don't Believe Everything You Think © 2022 Joseph Nguyen. Original English
language edition published by Joseph Nguyen, Florida, USA. Arranged via
Licensor's Agent: DropCap Inc. All rights reserved.
Simplified Chinese rights arranged through CA-LINK International LLC

北京市版权局著作权登记号：图字01-2023-5828号

不要相信你所想的一切：
如何停止过度思考，克服焦虑、自我怀疑和自我破坏

著　　者：［美］约瑟夫·阮
译　　者：毕　然
出 品 人：赵红仕
责任编辑：孙志文
封面设计：WONDERLAND Book design
　　　　　仙境 QQ:34458I934
装帧设计：季　群　涂依一

北京联合出版公司出版
（北京市西城区德外大街83号楼9层　100088）
北京联合天畅文化传播公司发行
北京中科印刷有限公司印刷　新华书店经销
字数120千字　880毫米×1230毫米　1/32　5印张
2024年3月第1版　2024年5月第2次印刷
ISBN 978-7-5596-7277-3
定价：42.00元

我思故我苦

"你为什么爱我？"新婚的妻子问丈夫。

丈夫滔滔不绝列举了很多理由，比如她的笑容很灿烂、笑声很悦耳，她心地善良、非常顾家，她很聪明……总之，理由多得根本说不完。

之后，丈夫问妻子同样的问题。

"我也不清楚，但我就是知道我爱你——非常爱！"妻子回答说。

丈夫感到困惑，他能轻而易举说出一大堆爱妻子的理由，而妻子既然爱他，为什么说不出爱他什么呢？他越想越心事重重。

直到几个月后，丈夫审视自己列举的那些爱她的理由时，才忽然明白为什么妻子无法说出爱他的理由。他问自己："我是因为妻子笑容灿烂、乐于助人才爱她吗？如果有一天她不爱笑、不帮助别人了呢？如果有一天她不再做那些我喜欢她做的事，是不是我就不再爱她了？"

丈夫意识到，一旦他为"爱她"设定了各种理由，他对她的爱就是有条件的，是受限于那些特质和行为的。如果她不再做那些事，不再拥有那些特质，他对她的爱是不是就消失了？

那一刻，丈夫忽然懂了，妻子无法说出她爱他的理由，是因为她对他的爱是无条件的。她爱他，与他在想什么、在做什么毫无关系；她爱他不需要理由，她对他的爱凌驾于一切理由之上，不掺杂任何互惠互利的心态。

上面这个故事源自最近热销欧美的心理畅销书《不要相信你

所想的一切》。人最容易犯的错误之一，在于忍不住想得太多，即过度思考，过度分析，忙于评判对错，寻找理由。

思虑就像流沙，会阻碍生命之河。当我们想得太多时，就会相信所想的一切，将头脑中的想法当成现实，这不可避免会让我们与真实的世界疏离，变得感受迟钝、麻木，继而开始自我怀疑、自我破坏。

葡萄牙诗人佩索阿说，他信任这个世界就像信任一朵雏菊，因为他看见了它，而不是思考了它。思考意味着视力不好。

他在一首诗中写道：

为了看见田野和河流
打开窗户是不够的。
为了看见树木和花朵
眼睛不瞎是不够的。
你还要舍弃一切哲学。
有了哲学，就不会有树木，只有观念。

很多时候，我们并不是生活在真实的世界中，而是挣扎在大脑思考形成的虚幻世界中，这个世界充满了观点、概念、见解、推理和论断，这些东西密密麻麻横卧在心中，会形成"想法的灌木丛"，分割我们的视线，让我们陷入紧张、焦虑和抑郁。正如书中所说，"我思故我苦"。

《不要相信你所想的一切》旨在从根本上解除束缚，让你释然、坦然，用全身心去感知这个真实的世界。就像很多读者描述的那样，那是一种最熟悉又最陌生的感觉，仿佛漂泊的游子历历万乡，终归故里。

最后引用作者的一段话作为结尾：

无论你是谁，来自哪里，拥有何种背景，做过或没做过什么，也无论你有没有地位和财富，是不是来自火星，你都能在人生中发掘无尽的平静祥和、毫无保留的爱、彻底的满足和丰盛的喜悦。

涂道坤

目录

引 言

本书内容及其阅读方式

　　本书旨在助你寻得人类毕生索求的事物，解答困惑终生的问题。我知道这样说未免过于狂妄，但很快你就会知晓我慨然放言的信心何在。

　　有一点我确信无疑，那就是在读完本书以后，你将脱胎换骨，焕然一新。世间唯一不变的就是变化。成长是生命必经的过程，当你合上本书的最后一页，你已不可能安于维持原状。

　　"脸书"前首席运营官谢丽尔·桑德伯格说："人无法改变意识所不及的事物，可一旦意识到，改变就会自然而然地发生。"

无论你是谁，来自哪里，拥有何种背景，做过或没做过什么，也无论你有没有地位和财富，是不是来自火星，你都能在人生中发掘无尽的平静祥和、毫无保留的爱、彻底的满足和丰盛的喜悦。我保证你不会成为例外，哪怕你现在半信半疑。爱无远弗届。开放的心态与乐于接受的意愿正是你苦心求索的答案。

　　另外，你在读懂这本书后，还能额外获得许多切实的裨益，我的许多读者已经以自身经历做了验证：收入增长 2 ~ 5 倍，个人业务迅速壮大，人际关系更深入、更和谐，多年积瘾被戒掉，坏习惯自行消失，整个人更加健康，充满活力与能量。在那些读懂本书真谛的人身上，这类奇迹每天都在发生。这还只是冰山一角。如果让我历数那些读完本书后醍醐灌顶，因而做出改变、获得善果的事例，恐怕本书一多半篇幅都要花费在这类神奇的经历上。

　　我不想着力渲染这类身外之物，它们并非本书要旨。这类显于肉身的结果，只不过是人类对生命体验的运作机制有了自内而外的了解后所生成的附属品。人类追求金钱、意义等身外之物，实际上是为了体验静、爱、喜等心灵感受。人生在世，汲汲于心，而非戚戚于物。但许多人却困于一念，即心灵的感受唯靠物质滋养。心之所感才是解开一切谜题的钥匙。

本书将指引你正视并揭开内心深处已知的真谛，发掘那些你一直渴望的心灵感受。

接下来，我将指导你如何阅读本书。

不要在书里寻找信息，要寻找见解。见解（或智慧）只能通过内观获得。观之内心，解而有悟，是为见解。要在人生中寻有所获，只能通过内观来发掘一直埋藏在你心底的智慧。一切答案都尘封在你灵魂的最隐秘处。本书的任务只是为你指明正确的方向。对于那些一直坚信其所寻之物正在远方发出召唤的人，我由衷钦佩。这意味着你们心怀希望。连希望都丧失了的人是真正的一无所有。而此时此刻，斯言斯语，正表明你经受住了信念、勇气和力量的考验。我毫不怀疑，只要你坚持内心的信念，继续走下去，你一定会与心之所寻不期而遇。

有一点我必须澄清：这并非唯一一本蕴含真理的书。真理蕴藏在万事万物之中。你必须学会透过形式（物质）去觉知和体察真理（精神）。本书的内容并不构成真理。它们**指向**真理。

不要只看文字，要在字里行间捕捉真理。真理是不能以理性之笔写出的；它们只接受亲身验证。真理存在于感受中，因此它不能诉诸文字。

如果你在寻找真理，不要把眼光局限在文字中，**要去感受**。

许多最终寻得真理者这样描述其感受：彻头彻尾的平静，毫无保留的爱，席卷身心的喜悦。还有人说那是一种最熟悉又最陌生的感受，仿佛漂泊的游子历历万乡，终归故里。

当你试着去感受，一切便会不言自明。在本书中，我不会提及任何你内心深处尚不知晓的事物。正因此，那种最熟悉又最陌生的感觉会在你亲身验证真理时出现。

不要尝试动用思考去寻找真理——你找不到的。一旦你用理性去束缚它，它便会溜走。死记硬背并不会让真理现身。小朋友也会背诵，但他们无法理解个中真谛。真理只能诉诸感受。感受滋生智慧，照亮真理，赋予自由。人类终日奔波，不正是为了拥有这些吗？

你可能会发现，本书向你揭示的真理似乎极为简单。或许太过简单，以至于你的大脑（自我）产生抗拒，试图将之复杂化。你不敢相信，真理怎么可能如此浅显直白？如果确实发生这种情况，我不得不提醒你：大道至简。繁复的事物总能被一一拆解。但真理无法被拆解，真理即为真理本身。因此，真理总是摒弃矫饰，返璞归真。**要寻得真理，首先要做减法。**

以开放的心态和纯粹的求真信念打开本书，你所追寻的一切会自然而然地现身。

在开启下一章节之前，请允许我向你表达最诚挚的谢意，谢谢你翻开本书，与我分享你的时间与精力。这是人所能予以他人的最有价值的生命力量，谢谢你对我的馈赠，这份馈赠仍将回向于你。时刻谨记，人皆有神性，唯有神性之光方可照耀人性。

　　愿爱与光降临。

约瑟夫

第01章

寻找痛苦根源之旅

"人很难放下自身的痛苦。出于对未知的恐惧，人们宁愿忍受他们熟悉的痛苦。"

—— 一行禅师

关于痛苦，首先需要做一个重要的澄清。本书所指的"痛苦"，是心理和情感层面的痛苦。面对生活中的变故，你总有选择不去承受心理和情感之苦的权利。

这并不意味着苦难的经历只是人们凭空捏造或想象出来的。每时每刻，世界的某一角落都在发生可怕或不幸的变故。我要说的是，尽管人难免经历生命不可承受之痛，但承受痛苦并不是一堂必修课。换言之，生命之痛是人生必经的一道坎，但如何应对生活中的重大变故与艰难处境取决于我们自己，并进而影响我们对痛苦的感受。

佛教《杂阿含经》中有一种说法，人遭不幸，犹如身披两箭。肉身受箭，其痛自不待言。但心为箭伤（即痛苦），其痛更甚。

佛言："当于尔时，唯生一受，所谓身受，不生心受。"

几年前，我第一次看到这种说法时，不禁感到困惑。道理我懂，但我不知道要如何在生活中践行。如果人有选择痛苦与否的权利，恐怕没有哪个心智正常的人会选择承受痛苦吧。

如何"不生心受"？如果行如言一般容易，我想这世上恐怕再无受苦之人。直到数年后，我对痛苦从何而来有了新的认识，我终于能从根源处消除痛苦。

在自我提升的旅程中，我曾接触过无数种致力于帮助人们克服问题的课程、研究和方法。我阅读上百本书，学习心理学，约见心理咨询师，追各路思想领袖的演讲，尝试改变个人习惯，凌晨 4 点起床，调整饮食，训练自己更有条理、更自律，研究人格类型，每日冥想，参加心灵静修班，追随心灵导师，研究各派传统宗教。

任何你能想到的方式，我恐怕都尝试过。我疯狂地追寻答案，因为我想知道如何消除生命中的痛苦，度己，度人。尽管上述方法确实起到了一些效果，但我的痛苦并未休止。我仍然日日沉溺在焦虑恐惧、空虚沮丧、烦躁愤怒中，身心俱疲。我把这些方法一一试过，心中的疑问却仍不得解，甚至比早先更加迷茫。

我的人生渺无方向，找不到目标，看不到希望。我惶然四顾，不知自己该做什么，也不知该向谁倾诉。但就在这人生的至暗时刻，一点希望如微光般出现。

经历了日复一日的追寻，一次偶然的因缘，我遇到一位导师，指引我走上心灵成长之路，并向我揭示了"不生心受"的奥秘。

在揭开其奥秘之前，首先要弄清我们大脑的工作机制，以及人类体验的创建过程。

第02章

一切痛苦之根源

"环顾四周者聪明，审视内心者智慧。"

—— 马绍那·德里瓦约（Matshona Dhliwayo），画家

我们生活在一个充斥着思想而不是现实的世界。西德尼·班克斯曾说："思想不是现实，但思想创造现实。"每个人都生活在自身对世界的感知中。你的感知可能与身边人截然不同。让我举个例子，年近而立的你正坐在咖啡馆里思考人生，觉得自己一事无成，同龄人却各有奔头，这让你备感焦虑。但你旁边的顾客却在一边品味现煮的咖啡，一边兴致盎然地观察行人。你们明明置身同一家咖啡馆，闻着同一种香气，同样被陌生人围绕，但彼此眼中的世界

却大相径庭。我们中的许多人都曾遭遇相同的变故，置身相同的境地，但对世界的体验却截然相反。

还有一个例子可以形象地说明这个世界充斥着思想而不是现实。在路上随机采访一百个人，询问他们对金钱的看法，你猜会得到多少种答案？一百个人有一百种金钱观！

"钱"是一种跨文化的普遍概念，但每个人对其含义却有不同理解。有人认为它意味着时间、自由和机会，能赋予人安全感，令人内心平静；也有人觉得它等同于邪恶、贪婪，是罪恶之源。究竟孰是孰非，我们暂不做讨论（事实上，其答案没有正误之分，而且这不是本章讨论的重点）。

再比如：如果你随机询问一百个人对自己领导的看法，你会得到多少种答案？

即便谈论的对象是唯一的，但抱持的观点却五花八门，因为大部分人都在以自己的想法和观点衡量这个世界。我们赋予一件事的意义（或观点）最终决定了我们对它的感受。我们对人生的认知都是经这些意义和观点过滤后的产物——因此，我们并不活在现实里，而是活在对现实的感知里。**现实是指事物发展的自然状态，不受任何意义、观点和阐释的约束。**

我们对一件事产生看法，赋予它意义，进而形成对现实的感知。对生命的体验也在这个自内而外的过程中生成。

影响我们对一件事产生积极或消极看法的，不是事情本身，而是我们对这件事的解读与诠释。正是基于这一原因，心态积极的第三世界公民反比发达国家公民更感幸福，而心态消极的发达国家公民也能比第三世界公民更觉不幸。

我们的感受并不取决于外部事物本身，而取决于我们对事物的想法。因此，我们的感受是建立在想法上的。

让我们做个设想：你很烦目前的工作，不堪重负，焦虑沮丧。每次一走进办公楼就开始头疼，一想到工作就心头冒火。即使与家人窝在沙发里看电视，恼人的工作仍在时刻挑动你的情绪。大家都很开心，只有你不高兴。

此时此刻，你与家人正在经历同一件事，但所创造的生命体验截然不同。即使你此刻并没在工作，但你对工作的想法已经促生了对现实完全不同的感知。

如果外部事物真的能够直接影响我们的内心感受，那每次你和家人一起在客厅看娱乐节目时，你都应该心情大好。但事实显然并非如此。

或许你会反驳：但让我心烦意乱的正是一件外部事物——我的工作啊。那你听好我的问题：是不是每个人对工作都抱有与你一样的感受？

两个人做着同样的工作，但对工作的感受可能有着天壤之别。甲认为这是打着灯笼都难找的完美工作，乙却觉得这工作就是人间炼狱。双方唯一的差异发生在如何看待这份工作，这份差异又进而决定了两人对工作的感受。

现在让我们回到最初的假设：你恨工作。还记得那种你一想到工作，压力、焦虑和沮丧便席卷而来的感觉吗？

我们来做个简单的思想实验，回答如下问题：

如果你不再有"我恨工作"的想法，你会成为什么样的人？

用 1 分钟时间，让念头自然而然地浮现于脑海，先不要想别的。

不要过度思考，让答案自然地显现，然后你会发现，如果你不再有上述想法，你将由衷感到身心愉悦、平和、自由、轻松。

如果我们能抛开对某个事物的成见，对它的体验便会发生彻头彻尾的改变。所以我说，我们生活在一个充斥着思想而不是现实的世界，我们对现实的感知源于我们自身的想法，这是一个自内而外的过程。弄懂这一点，你便窥到了人类一切痛苦心理的根源。

一念起，痛苦生。

先别急着把这本书扔进垃圾桶或干脆一把火烧掉。我并不是指痛苦源自人的臆想，是虚妄之物。我们对现实的感知无疑是真实的。人之所感源于人之所思，感受并没有骗人。这一点毋庸置疑。但如果我们始终无法认识到现实是如何被创造的，我们的想法就会变成必然的现实，坚不可摧。一旦我们意识到感受源于想法，便可以通过换个角度看待问题来改变自身感受。若要改变人生体验，首先要明白，体验由想法促生。如果我们认同这一点，就会明白，一念之间，人生便会有另一番体验，生活便会焕然一新——而这"一念"，正是摒除念头。

简而言之，一念放下，万般自在。

下面这个故事叫《小和尚与空舟》，就是用佛教故事来阐释"一念起，痛苦生"。

古时有个小和尚在一座小庙修行。小庙隐于深林中，旁边有一小湖。庙里除了几个管事的老和尚外，都是修行尚浅的小和尚。他们每天要做许多事，但最重要的是打坐。闭目静坐，一坐就是数个时辰，日日如此。

每次打坐结束，小和尚都要向师父讲述心得。但这个小和尚总是被各种事物扰乱心神，难以入定，这令他很生气。在他抱怨自己的修行毫无进展后，老和尚别有深意地问他："你可知是什么让你生气？"小和尚吐槽道："每当我开始闭目打坐，就有人走来走去，让我心绪紊乱。我生气，因为他们明知道我在打坐，却总来打扰我。他们怎么就不能为别人着想？当我重新闭上眼，刚要入定，又有小猫小狗蹭我，分散我的注意力。风吹树叶，哗哗作响，也让我心烦意乱。还有那鸟儿叽叽喳喳。总之这地方干扰太多，让我静不下心。"

老和尚对他说："我看你每受一次干扰，怒气就更盛几分。这与打坐的初衷背道而驰。你不如另寻他法，别让这些人和事物扰乱你的心绪。"两人一番商量，决定让小和尚去庙外找个清净的地方专心打坐。小和尚左思右想，选中了湖边一处角落。他拿着蒲团在湖边坐下，开始打坐。没过多久，便飞来一群鸟儿，纷纷落在离小和尚不远的湖面。小和尚听到声音，忍不住睁眼一探究竟。

尽管湖边比庙里少了许多声响，但小和尚总难免被一些事物分心，他又开始心神浮躁。虽然湖边也没让他心神宁静，但他还是常去那里。一天，小和尚看到有条船靠在水边。他灵机一动："为什么不把船划到湖心，在那里打坐？人在湖心，还有什么事能干扰我！"于是，他把船划至湖心，开始打坐。

果然，他在湖心没有受到任何干扰，专心打坐了一整天，晚上才回到庙里。第二天，他又划船前往湖心。小和尚很高兴，觉得自己终于找到一个可以安心打坐的地方。这两天他都没有生气，心神非常平静。

到了第三天，小和尚像往常一样划船至湖心，开始打坐。他刚闭上眼没多久，就听到水波荡漾的声音，船也随之摇晃。他又开始烦躁，人在湖心，怎么还会有东西来打扰他？

他睁开眼，看到一条船正径直向他漂来。他大喊道："快把船划开，你要撞到我了！"那条船却毫无反应，越漂越近。小和尚又喊了一遍，依然没人理会。两条船就这样撞在一起。他生气地叫嚷着："你是谁，偌大一个湖，为什么偏偏要撞我的船？"仍然没人回应。小和尚的怒气更盛了。

他站起来向那条船里张望，惊讶地发现船里空无一人。

那条船大概是被风吹动，顺水漂来，才偶然间撞到小和尚的船。小和尚冷静下来。那只是一叶空舟，他没必要生任何人的气。

此时，小和尚忽然想起师父的问题："你可知是什么让你生气？"他沉思道："惹我生气的，不是某人、某事、某物。空舟无咎，怨由心生。我之前怪怨的人、事、物，就好比这叶空舟。若我不对它们生气，它们便无法激怒我。"

小和尚划着船返回岸边。他回到庙里，坐到其他和尚身边。庙里的响动如常，但小和尚只当它们是那叶空舟，继续专心打坐。老和尚看出他的变化，欣慰地说："你现在已经想明白是什么让你生气，不再受其困扰了。"

第03章

"念"缘何而起?

"我辗转反侧,冥思苦想,我想我已经第一百万次失去快乐,却从未真正走进它。"

——乔纳森·萨弗兰·福尔,作家

人类在不断进化的过程中,为了适应生存,早已形成一整套精密复杂、高度理性的分析与思考能力。大脑通过繁复的运行机制维持人类的身体健康,却对心灵健康无计可施。它只负责保障我们的生存与安全,但心灵的满足与快乐,它无能为力。

大脑的任务是发现周边环境中可能威胁我们生命的潜

在危险，向我们发出警报。它的运行机制非常精密，不仅能对我们所处环境中的风险进行筛查，还能根据我们的过往经验，预设某个特定情境，并基于我们的记忆预判可能发生的危险。

无论如何，大脑是无辜的。它只是在忠实履行分配给它的任务。如果我们不能意识到它的任务只是维持人类生存，我们很容易迁怒于它。其实，一切纷扰都源于这种不经意的误解。大脑的任务是维持生存。意识的任务是为我们营造满足感。你之所以踏上这段追寻静、爱、喜的旅程，是受到灵魂的召唤。

你的大脑一直在出色地完成任务，但现在你要给它"减负"，因为人类已经从原始森林里走出，不再时刻面临生死危机。如果我们过度依赖大脑，那么任何事物都可能被它视为对人类生存的潜在威胁，它每时每刻都要在"战斗"或"逃跑"之间做出判断，不可避免会生成诸如焦虑、恐惧、沮丧、忧郁、愤怒和怨恨等负面情绪。

如果你想获得自由、快乐、平静和充盈的爱，就不能听
凭大脑指挥，安于身体健康；要打破这种局限，追求更
崇高的心灵健康。

第04章

想法与思考

"绝学无忧。"

——老子

想法受心理驱动，是人类用以构建世界观的素材。想法是一切人类体验的前提。我们首先要明白，想法是一个名词，我们只能"有想法"，而不能"做想法"。想法不需要人为刻意制造，它是自发生成的。我们也无法控制脑海中跳出的想法。想法并不源自大脑——毋宁说它源自宇宙。

而思考是一种对想法进行加工的行为。思考需要人刻意为之，对精力和意志（这是一种有限的资源）提出极高的要求。思考是指对脑海里跳出的想法主动进行加工。并不是每一个在脑海里凭空出现的想法都需要我们加工，但只要我们开始处理这些想法，我们便开始思考。

人类一思考，痛苦便开始生根发芽。

或许你会反驳："可是人也会有乐观的想法啊。"乐观想法，或积极心态，并不是经由思考而形成的。相反，它们源自静、爱、喜等诸般天然状态。它们是人类存在状态——而非思考状态——下的产物。这个问题将在下一章得到深入讨论。

现在，我们来做个简单的思想实验。

我将向你抛出一个问题，而你要做的是留意自己的心理活动，稍后我们再做讨论。

你理想中的年收入是多少？

静下来，让答案自己浮现。

用 30 ～ 60 秒时间得出答案。

先不要想别的，先把这个问题想好，你想挣多少钱？

现在，把这个数字乘以 5。

理想年薪乘以 5，对于这个新目标，你有什么想法？

接下来，用 30 ～ 60 秒时间去留意你在思考这个问题时出现了哪些心理活动，注意一下你在感受自身情绪时，都做了哪些思考。

不要想别的，先把这件事做完。

好，现在我们回过头去，看看刚才发生了什么。

当我问出第一个问题"你理想中的年收入是多少"时，你的脑海立刻浮现出一个答案。这就是"想法"。几乎是在一瞬间，它就会出现，根本不需要你冥思苦想。

在你的脑海里跳出这个答案后，我又让你思考一下这个答案。接下来发生了什么？

大部分人一开始认真考虑这个念头，思绪便如脱缰野马般狂奔。或许你也不例外。

你的想法也许包括：我不可能赚到那么多钱；我家没有任何人能赚到那么多钱；我根本不知道做什么才能挣到那么多钱；这个年薪数目是异想天开；这么多钱会让我变得很贪婪吧。

留意一下你在认真考虑这些念头时，产生了哪些感受。

这些感受可能并不怎么美妙，但没关系，很快我就会告诉你该怎么办。

以上是对"想法"和"思考"的初体验。

无论我向你抛出什么问题，你的脑海里一定都会跳出某个想法。

想法本身并不是坏东西。不要忘了，它是受人类心理驱动而产生的零碎念头，是人类用以构建世界观的素材。

一旦我们开始思考这些想法，情绪的野马便在这一刻挣脱缰绳。当我们反复玩味那些念头时，我们正在对其做出评判，内心被各种情绪轮番激荡。

当我问你想挣多少钱时，你想到的是一个数字。这个想法是中性的，不会引发情绪焦虑。你甚至可能对未来充满憧憬，跃跃欲试。只有当你反复思量这个问题时，才会开始怀疑自我，觉得自己不配，进而出现愤怒、愧疚等情绪。

所以我说，人类一思考，痛苦便开始萌芽。关于"想挣多少钱"的第一反应并不会令你痛苦，只有当你认真审视这个念头时，情绪才开始波动。

我们不需要反复思量甚至评判自己的每一个念头。这样做对我们毫无帮助。你可能以为思考对人有益，但它只是平添令人不快的负面情绪，为我们设置"不能"和"不该"等种种限制。

真正有用且有益的是你对"想挣多少钱"这个问题做出的第一反应。在此之后，你想得越多，危害就越大。

想法的属性是创造。思考的属性是破坏。

之所以说思考的属性是破坏，是因为一旦我们开始审视自身想法，就会用各种观点、判断、评价、定式和条件对想法进行限制，源源不断地为"不能做"或"做不到"找理由。

只有停止思虑，才能让初心的创造性不被惯性思维和负面评价玷污。

如果我把问题改成"你可以通过哪些方式挣到理想的年薪数目"，并给你充分的思考时间，情况也会是相同的，你的脑海会跳出一些关于赚钱方式的零碎想法。

这些想法都是创造性的。想法在本质上是无限延展、积极主动的。当你沉浸在正面情绪中，感到身心轻松、充满活力，你便会明白自己深受上天眷顾。

一旦你开始认真思量自己想到的种种挣钱方法，便会立刻感到压力重重，束手束脚，进而产生各种负面情绪。一旦发生这种情况，你就该知道自己正在思考。

当我需要判断自己是在直接接收宇宙发送而来的想法，还是在脑海里反复思量某个念头时，我用内心感受作为探测雷达。

人先有想法，进而再产生相应感受，因此感受和情绪就是我们内心直觉的晴雨表，供我们判断自己是否思虑过度。

如果负面情绪爆棚，我就知道自己思虑太多了。这个例子也说明我们天生应该成功。

下列图表对比了"思考"与"想法"的不同，供你自测：

"思考"与"想法"表格

属性	想法	思考
来源	宇宙	自我
重量	轻松	沉重
能量	外放	内收
性质	无限	有限
特性	创造	破坏

属性	想法	思考
电荷	正向	负向
本质	神性	人性
感受	充满活力	充满压力
情绪	爱	恐惧
信念	无限可能	限制重重
感觉	完整	分裂
作用力	不费力	费力

第05章

"所感、所思"与"喜悦、感念"

"静、爱、喜，与我们仅有一念之遥——首先，摒除万念。"

——迪肯·贝廷格（Dicken Bettinger）

关于这项法则，我想有所补充：人之所感，源于人之所思。更确切地说，只有我们起心动念，负面情绪才有机可乘。

我们并不需要彻底摒除负面情绪。在特定情境下，负面情绪反倒于人有益，比如孤身一人走在寂静、幽暗的巷子里，油然而生的恐惧感。

在生死攸关之际，这类负面情绪或可为人争取一线生机，但鉴于大多数人的生存环境不致险恶至此，通常而言，负面情绪弊大于利。

接下来的讨论将建立在这一前提上：我们并未身处生死存亡之际，负面情绪在我们所处的多数情境下，于人无益。

鉴于我刚刚提出了"人之所感，源于人之所思"，许多人可能据此认为，只有美好的念头才会滋生正面情绪。

俗语云：事实胜于雄辩。接下来，不妨拨动你的念头，让它为自己代言。

从你的脑海里翻出你人生最快乐、最有爱的一次经历，让当时的感受尽可能汹涌地再次席卷你，在那份喜悦与爱意中停留至少 30 秒。

在那个爱与喜的极致时刻，有哪些念头在你的脑海里泛起泡泡（我想知道的不是那一刻你在做什么，而是有哪些念头曾划过你的脑海）？

面对这个问题，许多人意识到，那一刻，他们的念头处于放空状态。另一些人想的则是"感恩这一刻"或"我太开心了"。

如果浮现在你脑海里的答案也是"感恩这一刻"，那么，你是在这个念头出现之前还是之后感受到了喜悦与爱意？

用 10 ～ 15 秒考虑这个问题。

怎么样，有什么意外的发现吗？

有意思的是，在人生最快乐、最有爱的那一刻，大多数人什么都没想。至于那些想要"感恩这一刻"的人，他们对爱与喜的感受先于这一念头出现。

也即是说，他们先有了感受，才进而有了念头，而并非由念头滋生了感受。

至此，一个真理跃然而出：**正面情绪的生成并不依赖于人之所思、所想。**

真理之为真理，是因为它的存在令人无可辩驳。在一手的、亲身的经验面前，一切道理都是苍白的。我不需要煞费苦心地向你证明或解释上述真理，因为在刚刚的测试中，你的亲身经验已经对它做出了验证。

那么，诸如爱与喜等正面情绪，为什么能够不受念头的支配而自发生成？

这是因为，爱、喜、醉、狂、敬等诸般状态皆发自人之天性。这或许很难令人信服，毕竟若是天性使然，它们为何不时时刻刻存在于我们的感受中？稍后我会对这一疑问做出解答。

天性，即世间万物的天然状态（环境尚未对此状态施加影响或赋予修饰）。要了解一件事物的天性，最好的办法莫过于观察自然万物的初生状态。

比如婴儿的天性。初生婴儿（没有遭受虐待、忽视，也没有身体疾病）的天然状态是什么样的？是一生下来就紧张、焦虑，畏首畏尾？还是天真爱笑，心不设防？

静、爱、喜皆是人之天性。因此，我们想得越多，就越远离天性；同理，当我们感到压力重重，不堪重负时，就说明我们思虑过甚了。思虑越多，负面情绪的强度就越大。

反之，想得越少，正面情绪的强度就越大。换言之，如果我们能少做些思考，反而会收获更多正面情绪。

为了验证这一点，不妨在脑海里搜索一些曾给你造成压力和焦虑的经历，回忆一下你当时都想了些什么。

用 1 ～ 2 分钟时间做这件事。

然后，再回忆一下那些最开心、最有爱的时刻，看看当时有哪些念头。

用 1 ～ 2 分钟时间思考这个问题，再去验证和消化你刚刚得出的真理。

我的导师为了让我理解这个概念，曾做过一个类比：我们的大脑好比一块车速表，但它计算的不是每小时跑多少公里，而是每分钟想多少事情。我们想得越多，车速表的指针就越远离原点，如果我们想得太多，指针就会指向红色区域。这时，我们便会感到压力过大，筋疲力尽，怨怒交加。

令我们压力巨大的不是我们在"想什么"，而是我们"在想"的行为本身。我们"想了多少"与我们承受的压力和负面情绪的量级是直接相关的。当我们感到特别沮丧、疲惫、焦虑、沉重时，这意味着我们正在思考；思考得越多，这些负面情绪就越强烈。

这即是说，制造痛苦的不是"人在思考什么"，而是"人在思考"。

总之，对静、爱、喜等正面情绪的体验，并不依赖于刻意的积极思考。对这些情绪的感受发自人之天性。然而，一旦我们开始认真思考脑海中跳出的念头，通往"无限智慧"的大门便就此关闭，压力、焦虑、沮丧和恐惧也随之席卷我们，取代了那些原本发自人之天性的情绪。我们的种种痛苦与我们在想什么无关，而是源自"想"这个行为本身。负面情绪的强度与我们是否想得太多有着直接关系。少做些思考，给内心多留些空间，正面情绪便自然而然地生成了。

第06章

人类体验何以形成——三原理

"人类如果只学会一件事，便足以改变世界，那就是不要害怕体验。"

——西德尼·班克斯（Sydney Banks）

人类的体验由三个基本原理组成：宇宙智慧、宇宙意识和宇宙思想。我们对生命中万事万物的体验，都离不开这三原理的通力合作，缺了任何一个，人类体验都无法形成。"三原理"最初由西德尼·班克斯发现，现在由我怀着对他的敬意与大家分享。

只要领会了"三原理"，我们不仅可以摆脱痛苦，更能够从本源处创造。

宇宙智慧

　　宇宙智慧是隐藏在一切生物背后的智慧。它是存在于万物体内的生命力和能量。橡子知道如何长成参天大树，行星知道如何沿轨道运行，人体在受伤后知道如何自愈。我们的身体知道如何自行调节，保持活力，而无须我们费心学习如何呼吸，如何心跳，这就是宇宙智慧。知道如何做到这一切，并且存在于万物之中，这种智慧即是宇宙智慧。它有许多别称，比如无限智慧、量子场、本源等等。思想，乃至宇宙万物，皆由此发源。万事万物因宇宙智慧而相互联结。世间万物互不分离，即使看似毫无关联，但那只不过是我们的错觉罢了。我们在接收宇宙智慧时，会感到灵光灌顶，身心圆满，充满静、爱、喜。但如果我们放任思绪乱闯（开始偏信错觉或自我），就会阻塞宇宙智慧的流动，诸如割裂、沮丧、孤独、愤怒、怨恨、悲伤、抑郁和恐惧等感受也便随之形成。

宇宙意识

宇宙意识是万事万物的集体意识。我们能够意识到自身存在，意识到思绪浮动，都得益于它。如果宇宙意识缺席，人之体验便失去了根基，人之五感将无用武之地，因为可供感知的对象已不复存在。宇宙意识令万事万物得以"活"起来，令我们得以感知到它们。

宇宙思想

宇宙思想是宇宙的素材，是人类创造的前提。它是我们将宇宙智慧的能量转化成思考和创作的能力。

宇宙思想是我们凭借意识感知到的对象。若无思想，又谈何感知。宇宙思想好比一张 DVD 光盘，刻录了可供我们观看的一切信息。宇宙意识就是电视机和 DVD 播放机，凭借其设定好的机制，我们能够播放 DVD 光盘，从而观看、体验盘内的信息。宇宙智慧是驱动 DVD 播放机和电视机的电力，凭借这种无形的能量／力量，万事万物得以连接并运行。它是万事万物得以各司其职的本源。

第 **07** 章

如何停止思考，从根源斩断痛苦？

"拥挤的大脑无法给平静的心灵腾出空间。"

—— 克里斯汀·伊万格罗（Christine Evangelou），诗人

天堂与地狱：佛教寓言

一个身强力壮、举止粗鲁的武士看到一名正在打坐的禅师，便走过去用他那惯于大声喊叫的沙哑声音不耐烦地喝道："给我讲讲天堂和地狱的本质。"

禅师睁开眼睛，瞥了武士一眼，语气轻蔑地说："你这样一个衣衫褴褛、令人厌恶、失意潦倒的蠢货，我为什么

要回答你的问题？蝼蚁一般的你，怎会认为别人应当和你讲话？真是令人难以忍受。赶快滚出我的视线。我没有时间回答愚蠢的问题。"

武士觉得受了奇耻大辱。狂怒之下，他拔刀就要砍向禅师的头。

禅师直视着武士的眼睛，温和地说："这就是地狱。"

武士愣住了。电光石火之间，他明白自己已被愤怒控制。一念之间，地狱已现——被怨怼、仇恨、防备和狂怒填满。他意识到，自己被愤怒冲昏了头脑，几乎要挥刀杀人了。

泪水涌上武士的眼眶。他放下刀，双手合十，毕恭毕敬地鞠了一躬，为这次顿悟心怀感恩。

禅师微笑道："这就是天堂。"

我们很难彻底断绝起心动念，但我们可以做到的是，减少思考的时间，让这类心绪浮动逐日消减。最终，我们可以达到这样的境界：一天里的绝大部分时间，我们都不会受到思绪困扰，从而保持一种无忧无虑的状态。

说到停止思考，很多人误以为是要彻底压制所有念头。这二者绝不等同。你已经能够区分想法和思考，我们现在要做的是，当想法油然而生，就让它自行流动，尽量不去刻意捕捉它们，对它们反复思量。

关于停止思考，最有趣也最矛盾的是，我们只需要做到一点，就可以最大限度地减少思考，那就是意识到我们正在思考。一旦意识到我们正在思考，而我们的一切痛苦都源于此，我们立刻就能感觉到那些思绪渐行渐远，直至尘埃落定。我们甚至不需要用力去做这件事，只需着眼于当下，顺其自然。

一位导师曾向我做过一个比喻，用来阐述这个概念：

假如我给你一碗浑浊的脏水，问你如何让水变清澈，你会怎么做？

给自己 15 秒时间，让答案自然浮现。

大多数人的答案都是把水过滤甚至煮沸。但很多人都没意识到，如果我们把脏水静置一段时间，杂质就会自行沉淀，慢慢地，水就会变清澈。

大脑的运行与此同理。如果我们把思绪静置一段时间，不去"过滤"它、"煮沸"它，不做任何干涉，那么思绪就会自行沉淀，我们的头脑也会归于清净。一旦摆脱人为干扰，水便会恢复清澈之本质，人脑自然也会重归清净之天性。

每当生活不再明朗，变得混乱、压抑，令你犹豫不决，你就该知道是杂念搅乱了大脑的清净，令你迷失方向。你可以将之作为一把标尺，用来衡量自己是否思虑过度。

一旦我们意识到，思绪只是我们的一些感受，一切不愉快的体验都源于我们思虑太多，我们便认清了其真实面目。那么，我们不妨给它一些空间，让它自行沉淀，慢慢地，我们会发现头脑逐渐恢复清晰。

　　思绪就像流沙。我们越是刻意控制思绪，负面情绪就越容易被放大，情况也会更糟。流沙的特性也是如此。我们越是出于恐惧而拼命挣扎，在流沙中就陷得越深。唯一的逃命办法是停止挣扎，凭借身体的自然浮力重回地面。因此，摆脱思绪束缚的唯一方法就是顺其自然，信任我们天性中的智慧，听凭它的指引，一如既往地重归清静与平和。

　　你可能会发现自己在"想"和"不去想"之间反复纠结，要知道这是再正常不过的。我们不可能每一分每一秒都保持"不去想"的状态，如果把"不去想"作为一个任务去完成，它就变成一件需要我们去"想"且需刻意为之的事情，继续给我们制造痛苦。

我们的存在是精神层面的、无限的，我们的体验却是物理层面的、有限的。我们是联结人与宇宙的生物媒介，因此，在焦虑／压抑和快乐／平和之间反复摇摆，于我们再正常不过。我们无法彻底停止在"想"和"不去想"之间犹疑，但我们可以尽量减少花费在"想"上的时间，把更多时间留给感受喜悦、平和、热情和丰沛的爱。

尽管无法抑制起心动念是我们摆脱不掉的宿命，但这不值得我们担心，因为我们始终能够重归"不去想"的状态。这正是我们身为人类的一种美好体验。

无论我们如何胡思乱想，都只是表象，静、爱、喜等纯粹状态才是不变的内核，知晓这一点，便足以令我们安心。我们孜孜以求的美好状态与我们如影随形，只是我们时常忘记这一点。但无论我们是否记得，它始终存在。正如太阳落山，黑夜降临，我们仍然知道太阳在那里，只是我们看不到而已。如果我们无法笃定太阳落山后仍会照常升起，自然会恐惧、焦虑。人的存在状态亦是如此。

我们时常意识不到，清净、爱意、喜悦、平和与满足都是源源不竭、取之不尽的。即便如此，一旦我们意识到是思虑束缚了我们，令我们产生负面情绪，这一点便足以指引我们重拾人之美好天性。我们只需要记住，尽管思虑扰乱了人心，但太阳仍会照常升起，不必为此忧惧。理解了这一点，我们才会懂得欣赏黑夜的存在及其在宇宙中的价值。从这个视角出发，我们才能理解它是人类体验必然的一部分，才能像赞颂太阳一般欣赏黑夜之美。

第**08**章

如何停止思虑，心怀坦荡？

"焦虑是不加节制的思考。心流是不加思考的节制。"

——詹姆斯·克利尔，习惯研究专家

下面这个问题可以为你提供一些线索：

当你创作自己最满意的作品，沉迷其中时，你的脑海里闪过哪些念头？

给自己 15 秒时间，让答案自然浮现。

如果答案没能令你恍然大悟，接下来的这个问题也许会为你指明方向：

你正在做着自己最深爱的事情，全身心投入其中，甚至忘了时间，忘了自己身在何处（即完全进入心流状态），有哪些念头会出现在你的脑海里？

静下心来，让答案自己现身（等待30～60秒，让线索自行出现）。

在你精心打磨最心爱的作品，完全进入心流状态时，再也没有什么能将你与作品分隔开来，哪怕是你的思想。即使偶有念头闪过，也不过稍纵即逝，你不会分心去揣摩这些念头。换言之，人类表现最出色的时候正是进入无思无虑的忘我状态之时。这听起来或许不可思议，但最优秀的作品往往是在头脑放空的状态下完成的，相信你的个人经历已经验证了这一点。

关于这项真理，还有一个例证。在诸如奥运会等重大赛事上，你认为运动员们会逐一思考或分析比赛中的每一个细节吗？你猜他们在比赛过程中会想些什么？表现最优异的选手会说他们"很在状态"，指的正是心流状态，亦即无思无虑的忘我状态。

关于这种状态，日语里有个很美的形容词：mushin（无心）。

日本空手道交流网站《松涛馆时报》（*Shotokantimes*）对这个词的解释如下：

"无心，是指意识里无杂念，无怨怒，无忧惧，以至无我。这既是一种格斗术，亦是一种生活态度。在格斗中达到无心状态，则杂念不生。空手道家心无旁骛，挥洒自如。他是空手道集大成者。他并非根据对手的反应出招，而是在将一切招式融会贯通后做出本能的、下意识的反应。"

接受过专业训练的人往往因为顾虑成规而限制了其表

现，这一点对任何人都同样适用，"无知者无畏"自有其道理。我们想得越多，顾虑和恐惧就越多，就越容易陷入自我怀疑。反而是当我们彻底进入忘我状态时，才能充分释放潜力，发挥出个人的最佳水平。心无旁骛，才能摆脱自我的限制，创造出这世上的万般缤纷。我不想将这份信念强加于你，只希望你愿意尝试着去体验，以自身经验去领悟它。

第09章

停止思考会不会消磨意志，
影响我们追求梦想？

"思想没有界限，只有我们所认为的界限。"

—— 拿破仑·希尔

我思故我苦。

当我知道我的一切痛苦都源于思虑过度时，我欣喜若狂、如释重负，生活中一切不好的经历都有了合理的解释。但这份喜悦并不持久，因为当我平静下来后，另一些问题从我的脑海里跳出：

如果因为思考是一切痛苦之源，我便从此停止思考，那么接下来我要如何生活？我的那些人生目标、理想与抱负，要何去何从？是否从此以后我就要无欲无求？我是否要彻底"躺平"，再也不做任何努力了？

你没猜错，我会读心术，能看穿你的心理活动。当然，这只是一句玩笑话。但如果我确实猜到了你的想法，那是因为我也是一个普通人，虽然一个普通人似乎不该玩转读心术。我们每个人都在自我觉醒的旅程中跋涉，所以不用怀疑，在绽放真我之前，很多人都会产生相同的怀疑。

现在回到关于人生理想与抱负的问题。在思索这个问题时，恐惧与焦虑再次席卷我：难道我要放弃所有理想与抱负？难道失去对世俗的一切渴望，出家为僧是我的最终归宿？

我还远远达不到这个境界。尽管我也憧憬"遗世而独立"，但我也热爱这个世界，热爱与他人彼此依靠、相互扶助的充实生活，即使路途中充满荆棘也甘之如饴。

关于理想与抱负，我有了一层新的理解。我们在之前的章节曾辨别过想法与思考之间的区别。想法与思考的源头不同，而这个源头就是决定我们是否会遭受痛苦的关键。

同理，理想与抱负的来源也对我们在求索之路上的心态起到决定性的影响。这世上的万事万物在本质上并无好坏之分，是我们的评判令它们有了分别。目标、理想、抱负本身无关好坏，这并不是一个非黑即白的问题，关键在于它们因何而起。

目标的来源有两种：由灵感触发；由绝望催生。

由绝望催生的目标，令人心力交瘁、疲于奔命。它就像一个千斤重担，令人心生畏惧，不禁开始自我怀疑、自我否定，觉得自己永远没有足够的时间去把它做好。我们被生活的波流裹挟，一边跌跌撞撞地向前冲，一边绝望地寻找答案，以期早日实现目标。我们总是在东张西望，觉得不满足，永远都不满足。最糟的是，即使我们幸运地实现了一次目标，但过不了多久，那种彷徨感就会再次袭来。我们甚至来不及为刚刚实现的目标感到满足，来不及品尝成就感的甜美滋味，因为我们总是觉得还不够，我们对自己也不满足。我们不知所措，于是惶然四顾，想看看其他人都在做什么，结果发现别人也是如此。我们只得硬着头皮继续向前冲，给自己设定下一个目标，以抵消那些销魂蚀骨的负面情绪。如果我们深入观察这类目标，就会发现它们是典型的"手段目标"，而非"最终目标"。换言之，出于绝望而设定的目标都只是一些服务于目的的手段。我们总是在一些原因的推动下才想要实现这些目标，而我们真正想得到的永远是另一些东西。比如，我们想年薪百万，是因为我们想实现财富自由；我们想辞职躺平，是因为不想再受累受气。与其说我们"想"这样做，不如说是"不得不"这样做。绝望催生的目标通常都是现实派，是我们根据自身的过往经历和当下"应该做什么"而制定的目标。这类目标都非常狭隘。即便这类目标能够给予我们短暂的兴奋，可一旦我们开始在实现目标的道路上狂奔，那种茫然若失的感觉便会时刻萦绕，这就令我们更加绝望，不顾一切地想要实现目标。讽刺的是，我们在实现了由绝望催生的目标后，只会感到更加空虚。似乎是出于必然，无休无止的绝望催促我们设定更宏大的目标，令我们沉迷于"下一次会更圆满"的错觉。

绝大部分人都是这样设定目标，疲于奔命。我无意做出批判，只想揭露其现实。我之所以能够把诸般细节详尽地展示出来，正是因为那就是我生活中血淋淋的教训。

好消息是：设定这样的目标，错不在你，而且我们有解决办法。那就是，让灵感触发梦想，而不是让绝望催生目标。

以灵感为出发点制定的目标和绝望催生的目标截然不同。前者的本质是创造，为我们注入充沛的灵感，令我们深受感动、心神舒展。它更像一种对你的召唤，而非你应尽的义务。仿佛一种生命力自我们体内萌发，其向物质世界的表达和展现需要借助某个媒介，而我们就是那个媒介。在它的驱动下，人们绘画、跳舞、写作、歌唱，甚至是在生活无以为继的困境中。我们在那股力量的驱使下，似乎除了创造别无他法。它像一块磁石，令人不自觉走近。我们别无选择。当我们产生这种感受，就说明我们的创造是出于富足丰沛，而非匮乏空虚。

最令人意外的是，我们在这种状态下的种种创造并不需要仰赖任何理由，我们只是纯粹地想这样做。我们创造，并不是因为我们觉得"不得不"这样做。我们只是单纯地想要创造，此外再不需要任何理由。我们制定这类目标，并不是为了以它为前提或手段去实现其他目标、得到其他东西。这类创造的源头是圆满和丰沛。它是生命中的爱与喜源源流淌的显化。许多人渴望生儿育女，也是出于这样的心态。我们养育孩子，并不是为了让他们长大后赚钱养我们，让我们下半生高枕无忧。我们不是为了向他们索取；而是因为我们是一个完整、丰沛的人，希望与他们分享这无尽的爱与喜。

这种仿若醍醐灌顶的灵感很难用语言去形容，因为它并不出自这个世界。它并不源自我们体内，而源自贯穿我们身心的一些更伟大的东西。我喜欢称其为"神圣灵感"，因为那些创意和远见似乎不是我们凭凡俗之身所能形成的。神圣灵感的源头并非人类，而是一些更伟大的存在，它不依赖于任何过往经历，也不需借重这世上任何人的成就。许多仿佛天外飞来的颠覆性创造与发明，其出现便得益于神圣灵感的降临。它无界、无限、无拘无束。它是一种无限延展的力量，充满活力，振奋人心，使人得以出离尘世喧嚣。神圣灵感降临之际，我们便感受到精神圆满，爱喜充盈，身心平静。我们放下了一切计较、攀比、评判，不再执泥于理性，开始真正地活着，去爱，去分享和给予，去创造，去成长和滋养自我。那是天赐神性，是我们身为人类所能体验到的最伟大的一种感受（因为神性与人性同源）。

每个人无一例外都曾有过这种经历：在纯粹的灵感（而

非绝望）驱使下，有深刻而强烈的冲动要去创造一些令全世界耳目一新的东西。在本章结笔之前，我鼓励你亲身验证这一理论。静下心来，用几分钟时间回忆那些醍醐灌顶、灵光乍现的时刻，汹涌澎湃的情感和渴望驱动你去做一些石破天惊的创造。这无关于你最终是否做出了创造，只要回忆起那个灵感袭来，令你有强烈的创造冲动的时刻就够了。

这难道不是世界上最美好的体验吗？神圣灵感曾降临于每个人，但大多数人一旦开始认真思考，便只想压抑这个念头。我们开始变得不自信，给"做不到"找各种理由，告诉自己这不现实、这不重要，或者"我还不够优秀"。当我们开始认真审视"我要创造点什么"这个念头时，灵感已经被扼杀在源泉，我们也重回庸碌。源泉堵塞，诸如满足、狂喜和爱意充盈等感受便无法流向我们，我们也只能重陷庸常生活中的疑虑、沮丧和悲伤。

我们在同一时间只能追随一种召唤，要么是灵感，要么是绝望。二者无法同时存在，但可以相互转换，这取决于我们做了多少思考。

停止思考并不意味着不再有目标和梦想，而是回归天性，在灵感而非绝望的驱使下创造目标和梦想。我们开始接收宇宙思想，在神圣灵感的启发下创造前所未有的新事物。追随神圣灵感的召唤，令我们感到精神圆满、身心平和、爱喜充盈，仿佛此时此刻，我们才是一个活生生的人。

那么，要如何分辨某个目标或梦想是由灵感触发的，还是由绝望催生的？

一个简单的方法是记住想法与思考之间的差异。如果某个目标或梦想是在一闪念之间诞生的，它就是由灵感触发的；如果你思来想去，最终确定了某个目标或梦想，它就是由绝望催生的。

一旦我们开始思考，便很难摆脱理性的桎梏，我们会去分析、去评判，以过往经验为基础设定新的目标，但这样一来，目标就会被条条框框束缚，变得非常狭隘。设定这类目标并不能让我们感觉良好，甚至在实现它的过程中，我们也无法变得快乐，因为它最初就是由绝望催生的。

另一个方法是感知自身的精力。出于绝望而设定的目标或梦想令人身心沉重，仿佛精力被榨干，却找不到任何出路。我们在空虚、恐惧、紧张的心态下，觉得"只能如此"。就好像如果不能实现这些目标，后果将不堪设想，我们别无选择，只能顶着重重压力和风险投身激流（因此也不难理解这类目标为何令人感到绝望）。另外，我们之所以想要实现这类目标，是为了逃离现状或摆脱一些事物。在这种状态下设定的目标是典型的手段目标，也即是说，我们本来有其他想做的事，但在那之前要先实现这些目标，想要辞职"躺平"就是这样一种目标。你很可能是有一些真正想做的事，但先要实现"辞职"这个手段目标，才能去做真正令你乐在其中的事情。再比如你给自己设定"挣够100万"的目标，是为了实现财富自由，去环游世界。这类目标都是服务于目的的手段，而非目的本身。我们总是出于各种各样的动机才想要实现这类目标，因此我们总觉得内心深处有一块缺失。

我想强调的是，无论是想挣钱或想辞职，这些目标本身都不坏，也不是说我们不该有这种目标。如果是由纯粹的灵感促生的目标，情况截然不同。这只关乎目标的来源，而与目标本身关系不大。这一点一定要弄清，否则你会一直纠结目标的正确性。目标本身无关对错，只关乎其源头是灵感还是绝望。它只取决于你内心的感受，当你意识到这两种目标在来源和表现形式上的差异，你会为能够创造令人耳目一新的事物而感到无比幸福。

另一方面，由灵感催生（即一闪念间形成）的目标与梦想令人身心轻盈振奋，觉得充满无限可能。我们兴奋、开心，最重要的是，备受鼓舞。我们的感受不是"我不得不这样做"，而是"我想这样做"。不是"我需要这样做"，而是在灵感的驱动下情不自禁地去做。压力是不存在的，因为我们不需要通过实现目标来摆脱任何事物、逃避任何局面。匮乏和紧迫也是不存在的，因为这类创造的源头不是缺失，而是充盈，是与世界进行分享的心态。我们的创造纯粹是由灵感触发，而并不寄望于以它作为跳板去达到其他一些目的。它不是手段目标，它就是终点本身。我们的创造不需要基于任何理由。我们不是为了获得身心圆满而去创造，而是因为感受到了身心圆满，所以想要创造，想要不计回报地给予。

相信你已经弄清这二者的区别，能够明确地分辨一种目标的性质。如果你发现自己的大部分目标都源于绝望，也无须担心，因为绝大多数人都曾出于绝望而设定目标，我也不例外，直到我发现出路。

那么，要如何做到让灵感而非绝望指引我们设定目标，创造梦想？

在灵感的驱动下创建目标和梦想并非一件需要我们刻意为之的事情。就人之天性而言，灵感的闪念是无限的，是时时刻刻存在的。关于"我想做什么"，小朋友有着最自由、最无拘无束的梦想和想象。尽管在成年人看来，他们的大多数想法根本无法实现，但他们却不会去顾虑这种问题。我们和小朋友之间唯一的区别在于，我们已经学会如何熄灭灵感的闪念，尽管其中蕴藏着我们真正想在这个世界上实现的理想、希望和目标。充斥我们头脑的是关于"做不到"的各种理由，而不是"我想做什么"的念头。

灵感源源不断地涌向我们，这是人之天性，但我们越是反复思量，就越深陷自我怀疑、自我贬低和焦虑的情绪，以致阻断灵感的流动。创造的灵感就像一条河。河水奔流，直到人们建了一座大坝。水道壅塞，鱼类死亡，动物灭绝，森林退化，令人束手无策。但只需让河流保持其天然状态，一切便会顺应大自然的规律正常运转。

我们的思想与目标也是如此。远大的梦想与目标一直在我们心中，无须冥思苦想，只需听凭内在智慧的指引，便始终能够知道自己想做什么。关于梦想、目标与渴望，一切自然浮现的念头皆为天赐，也即是由灵感而非绝望触发，所以，停止反复思虑。

我曾用一个问题让自己沉下心来，得以看清我能够创造的无限可能：

"如果我有花不完的钱，已经去过世界每一个角落，什么都不能让我忧心，我做什么都不会遭人指摘，那么，我会想要做哪些事，创造出什么新事物？"

当一个问题被抛出，总会有相应的答案浮现。我们的大脑在听到一个问题后，不可能不对其做出反应。因此，面对这个问题，任何不假思索的反应皆是受到神性点拨，也即是由灵感触发。

这个问题的措辞非常重要，它将大部分外部因素剥离，因此你在问自己想做什么时，可以不受任何顾忌、忧虑和他人评判的束缚，摆脱物质世界的干扰，直面自己的真心（这种情况下，你通常只是觉得一件事有趣才想要去做)。

试着问自己这个问题，看看会得到什么答案。那些蓦然闪现的念头会让你大吃一惊！但要谨记，当真正的梦想出现时，不要再让各种胡思乱想束缚了你。

对于打破思想限制的心灵而言，一切皆有可能。

第 10 章

创造与无条件的爱

"人类能够获得的最伟大的力量就是无条件去爱的能力。此时，人类的爱是没有限制、没有条件、没有边界的。"

—— 托尼·格林（Tony Green），歌手

无条件的爱

我学会无条件地去爱，得益于我的伴侣玛肯娜是如此与众不同。从小到大，我总是在提出问题，质疑一切。对于每一件事物，我都想要弄清为什么它会是这样而不是那样，我对此有着超乎寻常的执着。我没有办法过那种终日浑浑噩噩，对万事万物的意义和道理毫不关心的生活。

就像每个恋爱一年后的人都会做的那样，我自然也会问她为什么爱我。她天真地回答，她也说不清为什么，但她就是知道她爱我。接着她又问我为什么爱她。我滔滔不绝地列举了一堆原因，比如她的笑容很灿烂、笑声很悦耳，她的心很纯洁，她非常顾家，她很聪明，总之，理由多得根本说不完。

现在，我们的恋爱长跑已经持续了 7 年，每过几个月我仍会问她同样的问题，她的回答依然是："我也不知道，但我知道我爱你——非常爱。"

这件小事困扰了我很久，我不明白她既然爱我，为什么却说不出爱我什么。我能不假思索地说出一堆爱她的原因，她却一个也说不出来。当然，我并不真的那么介意，这些年过去了，我依旧爱她如初。我只是接受了这个事实，然后继续爱她，因为我情不自禁。

直到几个月前，我忽然明白了为什么她无法说出爱我的理由。我开始审视自己列举的那些爱她的理由。我恍然大悟，生活也从此发生了彻头彻尾的变化。

我问自己，我是因为她笑容灿烂、乐于助人才爱她吗？如果有一天她不爱笑、不帮助别人了呢？如果有一天她不再做那些我喜欢她做的事，是不是我就不再爱她了？我意识到，一旦我为"爱她"设定了各种理由，我对她的爱就是有条件的，是受限于那些特质和行为的。如果她不再做那些事，不再拥有那些特质，我对她的爱也便消失了。但事实显然并非如此。

那一刻，我忽然懂了，玛肯娜无法说出她爱我的理由，是因为她对我的爱是无条件的。她爱我不需要理由，如果她能说出为什么爱我，就意味着只有当我按照她的意愿展现那些特质、做那些事情时，她才会爱我。

她爱我，与我在想什么、在做什么毫无关系，她对我的爱凌驾于一切理由之上，也不掺杂任何互惠互利的心态。

她爱我，不是因为我爱她，也不是因为我可以为她做某些事。她的爱是充盈的，于是她将源源流淌的爱无条件地赠予我。

试图描述这种感受大概是我这辈子做过最困难的一件事，因为我在用语言去形容一种无法言喻的感受。

从此以后，我学会了无条件地爱玛肯娜，不再为我为什么爱她设定条条框框（因为一旦我为"爱她"设定各种理由，就默认在相反的条件下，我将不再爱她）。现在，我的爱也是充盈的，我能感受到源源不断的爱。我爱她，情不自已，毫无保留。这种无条件的爱不仰赖任何外因，它本就深植我们心中，其源泉永不枯竭。

每个人都拥有这种纯粹的、无条件的爱，它来自宇宙，其本质并不因别称而改变。唯一能够蒙蔽我们的只有思虑，我们想得越多，就越难拥有无条件的爱。

无条件的创造

无条件的创造是最纯粹的创造。凭着无条件的爱而创造的事物，令人情不自禁地驻足欣赏，敬畏赞叹。无条件的创造一定会具备创新、独特、迷人、大胆等特质，它独树一帜、锐意革新。很少有人能够达到这一境界，因为绝大多数人都会为自己的所作所为设定条件。

比如，当我们把挣更多的钱作为一个目标时，我们会尝试着创造收入。这属于有条件的创造，因为没有人纯粹是为了攒几张纸片而挣钱。人们想要钱，是因为想利用它实现其他目的，或去购买那些他们真正想要的东西。

这样一来，创造在性质上就变成了有条件的。人们进行这份创造，是想以它为手段去实现另一些目的。当我们只是在创造一些"手段"和"途径"时，我们很难去享受创造的过程，因为它不是我们的梦想本身，它与我们真正的梦想永远有一段距离。

也正是出于这个原因，我们总有一种被人生的波流推着走，疲于奔命、茫然若失的感觉。即便我们实现了目标，那种快乐和成就感也很难延续，因为我们急着追求下一个目标，因为我们真正想要的东西仍然遥不可及。

我们真正追求的其实是感受。我们挣钱是为了饱食暖衣，生活无虞；是为了有更多时间与家人在一起，这让我们觉得开心、幸福；是为了做我们真正感兴趣的事情，它能滋养我们的内心，令我们感觉充实、满足。这些才是我们追寻的终极感受，只是我们天真地以为通过实现一些目标可以换来这些感受。这种想法其实不堪一击，因为感受本就源自我们内心，无须借助外力。外因或许能在一定程度上深化感受，但最终只有我们的内心才能滋生感受。

矛盾的是（就像硬币总有正反两面），**美好的感受总是在我们不预设任何条件，也不基于任何理由而做出创造时**

油然而生。

无条件的创造即不为其他目的的创造。我们想创造，于是就去做了，既不图金钱，也不图名誉，甚至不是为了得到爱或任何东西。创造就是目的和理由本身。这种创造的源头是充盈。只要进入这种创造的状态，我们已经能够感受到内在的圆满，而我们在彼刻的感受，就是我们至为渴望的爱。

只有在无思、无虑的状态下，方可激发无条件的创造。我们的大脑会迫使我们相信，仅仅因为想做就去做，这种行为是毫无意义的。但这才是奥秘之所在。当我们不为任何原因而去做一件事时，我们便步入了"无条件"的生命境界。只有在此刻，我们才终于进入心流状态，身心合一，实现与宇宙畅通无碍的联结。

第11章

获得静、爱、喜之后

"不要去想。多想只会令事情变得复杂。要去感受，如果有回家的感受，就走上那条路。"

——R.M. 德雷克，诗人

如果你已经开始尝试本书讲述的各种原理，你很可能已经通过摒除杂念而获得内心的平静。如果你还没开始尝试，我强烈建议你记住一点：人的一切负面情绪都源于想得太多。唯一需要做的便是意识到这一点，思绪便会像水中的杂质一般逐渐沉淀。一旦意识到一切只是你的杂念作祟，无须为此忧惧，你即刻便可获得真正的平和与宁静。

但也有一些人在感受到身心平和后，开始疑惑接下来要怎么办。这时，忧虑和怀疑等情绪又开始泛滥。我的许多客户，甚至我本人，都曾担心是否就此失去做任何事的雄心壮志与动力。**别担心，有这种顾虑再正常不过，事实上，它正是通往觉醒的必经之路。**

最难的阶段已经过去了。你已经学会不去多想，不让负面的思虑操纵你的生活。

之所以会在身心获得平和后再次感到担忧、焦虑和怀疑，是因为我们刚刚放下了自以为在这世上熟知的一切。而其真相是个体自我的消亡。个体自我受到威胁后，一个必然发生的情况便是，它会尽其所能重新夺回对你的生活的操纵权。

我们很难彻底摆脱自我的困扰，因此当你感受到身心平和后，诸如犹疑、担忧和焦虑等情绪依然会不期然地冒头。这是自我（思考）试图重新夺回对你的操纵权。但无须担心，因为你已经学会如何快速地摆脱自我（思考），那就是提醒自己，思考是一切负面感受之源。其关键不是杜绝一切念头进入大脑，而是尽快提醒自己，给我们造成负面情绪的是自身的思虑。彻底杜绝思虑是不可能的，因为它早已深植于我们的大脑。

打个比方，我们走在小路上，忽然看到脚下有一条毒蛇，那一刻我们势必会惊慌失措，这是人之本性。但当你定睛一看，那只不过是一根绳子，那一刻你认清了幻象，意识到真正激起恐惧的是自身的思虑，于是你继续愉快地前行。我们很难阻止第一反应的形成，但我们总是可以提醒自己真相是什么，然后重归平和宁静的天然状态——做到这一点已足矣。

我们在获得身心平和后又忍不住感到忧虑和怀疑，还有一个原因是，此前我们一天到晚思考，消耗掉大量精力。大多数人总是处于压力（思考）状态下，这需要耗费非常多的能量。一旦我们停止思考，这些能量就被"闲置"，一时之间无处安放，便会重回旧态，再次投入到胡思乱想中，因为我们早已习惯了这套模式。在这种情况下，我们要做的是把闲置的能量投入到由灵感触发的目标中。这是一个防止能量被继续用于胡思乱想的有效办法。

要做到这一点，首先要确保你已经用一些时间去设定源于灵感（而非绝望）的目标，且它已经是你脑海中最重要的事情，这样一来，在感受到平和与宁静后，你可以第一时间将能量投入到实现目标当中。如果你满脑子都是源于绝望的目标，把能量投向它们只会令你继续深陷思虑和负面情绪之中。

对于许多正处于这一阶段的人而言，尝试"激活仪式"可以起到帮助作用。激活仪式要在晨间践行，这可以帮助你进入无思无虑的心流状态。它能够指引你在醒来后迅速形成正向的动力，从而更易于一整天都保持这种无思无虑的状态。这其实也是一种惯性。我以前一直不明白伟大的精神导师和人格领袖为何都青睐晨间功课，直到我切身体会到无思无虑和正向动力的能量。

这是一个多么令人振奋的前景：你不再将能量消耗在胡思乱想上，这些得到释放的能量将被投入到源于灵感的目标中，激励你步入充满静、爱、喜的全新生命方式。

第12章

没有什么是非好即坏的

"世上之事物本无善恶之分，思想使然。"

——威廉·莎士比亚

关于这个问题，让我来打个比方。一架钢琴有88个琴键。如果它只是静静地立在那里，我们不会无缘无故指着某个琴键，说它"出错了"。只有当人们用它弹奏某支曲子，无意中按错了琴键，我们才会说"弹错了"。

从本质上讲，琴键没有对错之分。只有当它们被连起来弹奏时，才会形成或悦耳或刺耳的音调。

正如琴键本身无关对错,生活中也不存在"错的"决定。我们体验到或愉悦或不快的感受,取决于我们做了哪些思考。如果我们认为凡事只有对错、好坏之分,就落入了"二极管"的陷阱,生活会被条条框框束缚,进而影响我们的感受。

比如,如果你坚持认为某个对立的政党充斥着恶人,其党纲是一派胡言,你很可能会对其产生敌意,进而形成各种负面情绪。

反之,如果你将不同政党视为一架钢琴上的不同琴键,就会认清各个政党其实并无对错之分,这样一来,你便可以敞开心扉,感受当下的静、爱、喜。你会获得此前从未意识到的全新视角,并有机会深入了解生命的本质。

这就好像在山中徒步,不时停下来欣赏美景。观景点并无对错之分,我们可以在任何地方停下脚步,驻足欣赏大自然的壮丽风景。只有对一切都保持开放心态时,我们才有可能发现此前未曾涉足的秘境，领略前所未见的美景。

别再把这世界划分为对与错、好与坏，去追寻真理吧。与其去试图证明我对你错、我好你坏，不如直面这世界的万千气象，从中寻找真理。但我要提醒诸位，许多人只相信他们眼中的真理。但如果人们还未能深切了解生活的本质，大部分情况下，其所思所想都并非真理，而只是乔装打扮后的假象。

真正的真理不受主观意识的影响。如果一个人觉得它是真理，另一个人却不这么认为，它就不能被视为宇宙真理。去寻找对这世上每一个有意识的人——无论他是谁，来自哪里，拥有何种过往经历——普遍适用的真理吧。当你找到真正的真理，便找到了你汲汲以求的一切。但要谨记，真理只存在于一个地方，就是你自己的内心深处，所以不要把目光投向外部。

如果某件事激起了你的负面情绪，那就深入自己的内心，在灵魂深处寻找宇宙真理的源泉。如果你试图从外部寻找答案，或认为产生这样的情绪是受到某些外因的刺激，那么你只是在永恒之外徒劳地转圈子，永远不得其门而入。

负面情绪意味着误解。当深陷负面情绪之中时，我们便只相信自己的所思所想。此刻，我们很难意识到这种体验源自何处，也很难记起一切负面情绪的形成皆源于过度思虑。

你所要做的就是提醒自己，一切感受皆源于思考。在意识到这一点以后，不要去抗拒思绪。只需要意识到是过度思虑激起了负面情绪，然后用爱去包容它，它便会在你面前逐渐消散。用不了多久，你便会重归静、爱、喜的天然状态。

第 **13** 章

如何不做思考
而知道自己该做什么？

"直觉思维是神圣的恩赐，而理性思维是其忠诚的奴仆。然而我们的整个社会都在崇拜奴仆而不是恩赐。"

—— 阿尔伯特·爱因斯坦

在上一章，我们探讨了这世界何以无分对错。本章将在此基础上，继续深入探讨，并阐释如何不做思考而知道自己该做什么。

尽管我们做的决定没有对错之分，但在特定的背景下，一些决定却可以让人的心情变得更好，就像钢琴没有错的琴键，但连在一起弹奏时，有些音符却更加悦耳。当我们知道自己所做的决定无关对错，不需要从中选出"正确"的决定时，我们会感到如释重负。

我们在做决定时，其实并不希望自己想太多。在做出决定之前，我们思考、分析、权衡利弊，向每一个人（甚至宠物）征求意见，每当我们这样做，便忍不住感到烦躁、焦虑。通常而言，我们的内心深处已经知道该在什么情况下做什么决定。这即是所谓的直觉、第六感或内在智慧。但我们总想通过外界来确认自我的直觉，结果就是被别人你一言我一语地搅乱了情绪，对我们的精神状态造成冲击。

只有你知道自己想做什么。任何人都无法代你回答这个问题。或许有些导师或领袖会为你指明道路，助你一臂之力，但最称职的导师只会告诉你，相信自己的直觉，向内心深处寻找答案（真相只存在于你的心中）。正因如此，每当忽略直觉的召唤，屈从于他人的建议与意见之后，我们多半会悔恨不已。

无论何时，直觉总会为你指明应当走哪条路、做哪件事。它就像人体内的实时导航系统，在我们向目的地进发的途中，随时告诉我们哪里发生拥堵，哪里需要绕行，要重新选择哪条路线。这个内置的导航系统最终总能指引我们抵达我们要去的地方，万无一失，但它无法保证只走某条特定的路线。在前往目的地的途中，可能会发生无数种状况，但我们无须为此担心，因为导航系统一定会把我们送到最初设定的目的地。

重要提示：

这个社会很难承认一个人的直觉，除非它已经成为主流。因此，关于你认为正确的决定，以及接下来该怎么做，如果你试图向外界寻求认同，几乎无一例外只会收到强烈的反对和相左的意见。不要从外界寻找答案。忠于你的直觉、第六感和内在智慧，相信宇宙。只要你这样做，生命中就会出现意想不到的奇迹。拥有如此信念与勇气的人，在体验生命奇迹的同时，也找到了他们一直热忱渴望的静、爱、喜。

那么，如何不做思考而知道自己该做什么？

事实上，绝大多数人都知道自己该做什么，只是畏难情绪时时作祟。比如，大部分想要减肥的人都很清楚应该做些什么。减肥方案既不像火箭科学那么复杂，也不像象形文字那么晦涩。大多数人都知道，只要消耗掉的卡路里比吃进肚子里的多，再配合运动和健康饮食，就可以达到减肥效果。对于生命里的每一件事，你的内心深处早已有了答案，只是害怕迈出第一步，或者不相信自己足够优秀，可以把这件事做好。

首先要意识到，你其实一直知道该怎么做，只是出于恐惧或自我怀疑而不愿相信自己。如果排除恐惧或自我怀疑等因素，你仍然不知道该怎么做，那么下一步就是相信自己的内在智慧，让它给出你需要的答案。我们的脑海里总有无穷无尽的念头，因此无论何时，我们都不会缺少关于自己能做什么的想法。思虑是我们在通往这座知识宝库的路上唯一的绊脚石。

亨利·福特曾说:"无论你认为自己行还是不行,你都是对的。"无论何时,关于我们能做什么都有无数个选项,但如果我们一遇到事就认为自己做不到,那扇通往无限可能的大门便随即向我们关闭了。如果能够意识到为我们设限的是自我的思考,从而摒弃思想上的条条框框,我们便可自然而然地回归富足充盈、充满无限可能的天然状态。那一刻,我们需要的一切答案便随之浮现。

一言以蔽之:要意识到你的心中一直都有答案,如果还没意识到这一点,那么首先要意识到,你一定会得到你所需要的答案。

只要能够意识到你所需要的答案一直都在,那么每当你需要它的时候,它便会自然浮现。相信自己的直觉与内在智慧。只要你相信它,它便会在你需要的时候出现。

第 14 章

如何追随直觉？

"要有勇气追随心声，听从直觉——它们在某种程度上知道你想成为的样子。其他事情都是次要的。"

—— 史蒂夫·乔布斯

在上一章，我们已经阐明，获得身心健康的方式并不是多做思考，反而是摒弃思考，进入心流状态，与身边万物缔结直接的联系，实现纯粹的合一状态。在这种状态下，万事万物互不割裂，也即是说，宇宙／无限智慧与我们同在，彼此亲密无间。

而思考则会迫使我们中断与宇宙的联结，令我们日复一旦陷入压力、沮丧、愤怒、怨恨和抑郁等负面情绪。因此，一些宗教哲学认为地狱即是与宇宙彻底割席的状态。

为方便起见，从现在开始我将用"无思"一词代替"心流"，但在本书中，二者是相互等同的。无思状态亦即与无限智慧实现畅通无碍之联结的状态。

许多人误以为无思（心流）状态只有在唯一的特定情境下方可实现，即人在从事某项倾心热爱的活动时。这种想法失之片面。事实上，我们随时都可进入无思状态。而无思状态只能发生在当下。只有在当下，我们才能看清现实，而一旦我们开始主动思考，就意味着我们或是重返过去，或是置身将来（前者已不存在，后者尚未存在）。真理只存在于当下。正是出于这个原因，灵修导师与精神领袖都将冥想、祈祷和活在当下作为教学中的重要环节。在《圣经》中，摩西问神叫什么名字，神以"我是自有永有的"答之。神没有说"我曾是"或"我将是"（因为二者皆不存在），只说"我是"。真理、宇宙、自由、平和、喜悦、爱（它们相互等同）唯有在当下方可被找到，被体验。

听从直觉，则意味着信任自己，相信自己拥有足够的内在智慧去应对生活中的每一件事。这就是无思（心流）状态。

接下来，让我们一起学习如何将这个概念付诸实践，令其更加贴近生活。如何才能做到追随直觉，听从内在智慧？那是一种怎样的感受？

追随直觉，意味着全身心投入一个比个体自我更加伟大的事物。此时此刻，你已进入无思（心流）状态，与宇宙无碍无间地对话。你无须思考，只需听凭无限智慧的引导，便已知晓自己该怎样做。这是一种近似"无为"的状态，我们摆脱了关于个体自我的意识，与生命融为一体。每当我们进入这一状态，奇迹便会不请自来，例如商业机遇从天而降，对的人在对的时间、对的地点现身，金钱在最被需要的时刻入账，一直苦求的人脉资源凭空出现，生活似乎处处是惊喜。时间仿佛不再流淌，只是蜿蜒萦绕于我们身边，因为我们已意识不到时间流逝。我们在短短几天之内就能完成别人用一个月都做不到的事情。充盈富足、爱悦平和、崇敬感激，这些感受彼此交织，汹涌澎湃将我们席卷。

每个人都曾有过这种感受。尽管如此，很少有人能够让这种体验一直延续下去。这是因为大多数人很难忍住不去思考，始终认为自己需要"想明白了"。正是这些思考剥夺了我们创造奇迹、遇见惊喜的能力。

事实上，我们既不需要掌握全局，也不需要求根问底。人类的智识何其有限，如何能够洞悉整个世界的奥秘，又如何能够任意地将整个世界玩弄于股掌之间。

一切问题都出在我们认为自身的知识能够与宇宙一较高下。

幸运的是，我们并不需要像宇宙一样知晓一切，甚至不需要思考。我们所要做的就是信任自己的直觉，相信内在智慧将会为我们指明最适合的道路。如果你去问那些最富有、最快乐、最成功的人是如何拥有这般境界的，他们通常会说是某种伟大的力量或者运气令自己获得如今的成就。他们笃信比个体自我更伟大的事物，认为自身成就是由它赐予，而非由意志或蛮力赢得。

生活中有太多事并不以我们的意志为转移，受我们掌控的只是极小的一部分。尽管生活很难尽如人意，但这并不意味着我们就要放弃生活，事实恰恰相反。当我们意识到，并不需要迫使每一件事都按照我们的意愿去发展，我们便可以摆脱痛苦和沮丧的束缚，进入无思状态，让事物顺其自然地发展，而不再希冀某个特定的结果。我们开始意识到，每一件事的发生都恰逢其时，其目的正是促使我们成就现在的自我，哪怕其中的任何一件事曾发生细微的变化，我们都无法成为如今的"我"。过往的经历如千丝万缕的细线，纵横交错却丝丝入扣，对如今的我们而言，一切正是最好的安排。其构思之缜密，人力不可为之，却织就如今恰到好处的"我"。这就是生命的奇迹。

上文提到我们不需要对生活中的方方面面尽在掌握，在此我要强调一点。诚然，我们无法掌控生活中的所有细节，但思虑（即一切问题和负面情绪的根源）与否取决于我们的头脑。无论何时，我们都有权改变对生命的体验和感受。我们永远有权利选择快乐——只需做到无思、无虑。当一天行将结束之时，这才是最重要的，不是吗？衡量成功、喜悦与满足感的标尺从来不是我们拥有多少，而是我们内心的感受。

我还要强调一点：尽管生活中的许多事是我们无法掌控的，但我们仍有权利对生活有所希求，只是不要强求。比如，想象力（与无限智慧相联结的能力）是人之天赋，我们可以想象生活中的一切渴望。这原本是人所能拥有的一大福祉，可一旦我们开始思考要如何令其实现，事情的发展便走上歧途。大多数人或是就此言弃，或是出于一己私欲而强求其发生，并为此终日郁郁。许多人坚信，只有付出一切，受尽苦难，才能实现生活中的愿望。这种想法只不过是人的一己执念罢了。只有汲汲于为生活中的一切渴望寻找实现途径的人，才会信奉这套法则。我们要做的是知道自己想要什么，而不是冥思苦想要如何得到它们。"如何"得到，取决于宇宙。毫无疑问，这是最妥善的办法，因为实现人生愿望的途径有无数条，而人类个体的头脑却受到重重限制，无论做多少思考都只是徒劳之举。

痛苦源于我们总是刨根问底，想把一切弄明白，其实我们并不需要这样做。为什么不相信自我的直觉与内在智慧，让它随时告诉我们该怎样做，指引我们逐渐走近心中的渴望？试图洞悉尚未发生的事情，这种"先见之明"实无必要。**我们需要做的只是将自身的渴望记在心间，然后进入无思状态。唯其如此，无限智慧才会降临，在恰当的时刻向我们揭示答案。**

我们首先要迈开脚步，前路才会逐渐显露形迹。尚未出发，整条道路已经被明灯照亮，向我们展露无余，这种情况永远不会发生。否则，人为什么需要信念？正是因为事态的明朗需要时间，信念的存在才不可或缺。

只要坚定不移地相信我们渴望的一切终将实现，将信念毫无保留地托付给宇宙，听凭它的安排，心愿终会成真。我们终将得偿所愿，只是它实现的时间和方式可能令我们始料未及。

事实上，直觉和内在智慧一直在与我们对话。在你的心里，是否总有一个微小的声音在告诉你应该怎样做？或许是你应该辞职，应该原谅那个曾经伤害过你的人，应该约你喜欢的人见面，应该联系一个许久未见的人。直觉，就是促使你做出某个决定的第六感。你是否曾为没有遵从第六感去做某件事而深感遗憾？你是否曾毫无缘由地产生强烈的第六感，并选择相信它，于是奇妙的事情由此发生？**它们就是你的直觉。**

直觉总是在一闪念间出现，但需谨记的是，念头和思虑有本质上的区别（这一点前文已做过探讨）。念头的本质是神性，是出其不意跳入我们脑海中的。思虑则是一种需要付出人力的行为，因此会予人沉重之感，总是与负面情绪形影相随。当无限智慧予你神性的念头时，你将体验到醍醐灌顶的感受。神性的念头蕴含真理，你在内心深处对其正确性深信不疑。直觉几乎从不以合乎逻辑或理性的形态现身，但这正合我们心意，因为我们也不希望它具有可预测性。如果它是可预测的，又如何能被称为奇迹，如何蕴含宇宙自在、自发的无限可能性？

直觉几乎总是与逻辑、理性背道而驰，因此不必对它的"叛逆"感到惊讶。它也许会向你耳语，你应该主动与咖啡厅里的某个陌生人交谈，开启一段美好的友谊，或者你应该主动给某个朋友打电话，也许刚好发现他最近过得不太顺心，正需要朋友的鼓励与安慰。直觉会召唤你亲近天赋神性，与他人分享你所知的真理。它的召唤轻柔悦耳，鼓励我们忠于真我，而不必屈从于他人的意愿。直觉对我们的召唤方式有无数种，上述例子不过是冰山一角，只要追随它的召唤，它便会予你奇迹，它的慷慨将令你惊喜交加。

既然直觉总是知道该做出何种选择，并赐予追随者丰厚的回报，为什么很少有人选择跟着直觉走？因为恐惧。

追随直觉是一件令人生畏的事。这是因为直觉是未知空间的产物。换言之，直觉是精神层面的，由无限的可能性触发，而后者在本质上属于未知领域。人类对于未知的事物总是心怀恐惧与戒备，因为未知即意味着其发生与发展难以预测。但唯有大胆步入未知，才有机会体验生命赐予我们的无限可能性。

也正因此，每当我们选择相信直觉，便会发生奇迹。我们已经步入充满各种可能性的殿堂。因此，我们无须费心思考"如何得到"，只需知道自己"想要什么"。

通往奇迹之殿堂的道路只有一条，就是无思。一旦开始思考，便会在这条道路上迷失方向，落入焦虑、担忧和痛苦的陷阱。人们在思考的过程中总是试图用过去的经验预测即将发生的情况。可是这样一来，我们只能不断重蹈覆辙。我们试图用个体有限的智识去创造一些前所未有的体验，却彻底忽略了一个问题：若想领略前所未见的风景，就必须勇于投身未知，首先要放下思虑，倾听内心直觉。只有在无限的可能性中，我们才有可能突破过往经验的局限，做出前所未有的创造，而步入无限可能性的唯一方式就是另辟蹊径，走上一条未知的道路。

总之，直觉总能洞悉当下，从不迷失，但唯有首先进入无思状态，方能激活直觉。面对无限的可能性（未知），最初人们可能感到无所适从，此时只需提醒自己，恐惧是思虑过甚的衍生物，恐惧便会自行消解，追随直觉的勇气也便随之迸发。此时此刻，我们的内在智慧将充当一盏明灯，在我们航行于生命的长河时，为我们照亮前路，令我们永不迷航。诚然，我们无法预知前方是激流还是风景，但这段探险之旅的难以预期，正是其令人心动之处。投身未知也是我们实现梦寐以求的目标唯一的途径。若想拥有自己尚未获得的美好，就不能循规蹈矩，在一条旧路上来回打转。凭直觉行事并不会令你陷入日复一日的恐慌。只有当你出于恐惧而心事重重时，恐惧才会萦绕不去。一旦你直面恐惧，明白它不过是由思虑衍生而出，它所制造的幻象便不攻自破，你也将重获静、爱、喜。这是每个人都渴望拥有的状态，以之为沃土萌发的正面情绪，是我们所期望的一切美好得以实现的先决条件。

第 15 章

为奇迹腾出空间

"今天，我为奇迹腾出空间。我认识到，重要的不是奇迹有多大，而是我为它腾出多大的空间。"

—— 凯尔·格雷（Kyle Gray），作家

禅师与学者的故事——空杯

从前，有一位智慧斐然的禅师。许多人不远万里而来，求他指点迷津。禅师也不吝于为人们指点开悟之道。一天，有位学者前来拜访禅师，并提出："请您为我开示禅宗真谛。"

谈话开始后不久，学者便显露出对自身观点和知识的执念。他不时打断禅师的话，开始自顾自地长篇大论。禅师并未生气，只说道："先来喝杯茶吧。"

禅师提起茶壶，开始向杯子里倒茶。杯中的茶水很快便满了，但禅师并未停下动作，于是茶水从杯中溢出，流到桌上，漫到地上，甚至浸湿了学者的长袍。学者喊道："够了，够了！杯水已满，为何无视？"禅师微笑道："这杯茶和您很像——内容太满，已经容不下更多了。等您这杯茶空了以后再来找我吧。"

颇具讽刺意味的是，"空"本身拥有丰富的内涵。虚无就是空间的本质。万事万物皆起源于虚无。伟大的心灵导师称其为"大空"。万事万物之诞生，必先要有空间。个体的意识与此同理。如果你希望头脑中诞生新的念头，首先必须腾出空间，让那些能够改变你人生的新理念拥有栖身之处。我们的头脑正如那只茶杯，如果挤满陈旧的观念，便再无空间容纳新的理念，而我们渴望发生的变革又必须以这些新理念为前提。

如何在头脑中腾出空间？答案是停止思考。从我们停止冥思苦想的那一刻起，头脑中便腾出了一块空地，供新的想法与理念生根发芽。另外，向惯性思维发起质疑也是我们清理头脑空间的一个好办法。

这片虚无之境正是一切奇迹得以萌发的沃土。我们都知道，运动员需要接受高强度的训练才能取得优异成绩，但个中佼佼者更是深谙休息的重要性，充分休息也是维持巅峰状态的必要条件。身体恢复，肌肉生长，体能增强，都发生在休息期内。这段休息期正是运动员为自己腾出的一片空间，在此期间，锻炼的成果得以显现。

托马斯·爱迪生每当遇到难解的问题，便会一手攥一个钢球，在椅子上打瞌睡。当他陷入沉睡，手中的钢球便会滑落在地，把他惊醒，此时，他的脑海中多半会跳出一些好主意。这些绝妙的点子总是凭空出现。爱迪生深知，在遇到棘手的问题时，与其固守陈旧的思路苦苦思索，不如放空头脑，让新的点子有机会不期然闯入。他很清楚，对旧观念的无限重复是绝不可能取得颠覆性成果的。

"我们不能用制造问题时的意识水平来解决问题。"阿尔伯特·爱因斯坦如是说。

爱因斯坦也有个怪癖，与爱迪生的放空行为有异曲同工之妙。每当被一个问题困住时，他便停下手中的工作，开始拨弄小提琴。随着乐声流淌，答案总会跃然浮现于他的脑海，难题迎刃而解。通过暂停思考，爱因斯坦在头脑中辟出一块空间，为宇宙发送的神圣信息提供了接收场所。

我们无须凡事都要寻根问底。即便是那些世所公认的天才，也并非个个以颠覆世界为己任，我们又何必自寻烦恼？我们与那些天才出身同源，本身并无二致。只要方法得当，我们也能获得洞察一切困境的真知灼见。只在一念之间，我们的生命体验便能发生彻底的改变。

神圣信息从天而降，困境迎刃而解，会经历这样一个过程：

1. 你将意识到思虑是促生一切负面情绪的根源。

2. 给自己的头脑做"断舍离"，摒弃主动思考，坚信内在智慧(宇宙 / 无限智慧)将会提供你所需要的答案。同时，不再纠结于答案会在何时、以何种方式出现。

3. 在停止思考的同时，用心体会随之生成的感受，重点关注那些与静、爱、喜相关的感受。无论发生什么，都以爱去接纳和包容，你所寻找的答案将会自行浮现。

如果你认为这个过程看上去非常简单，这是一件好事。"大道至简"正是这个道理。但看似简单并不意味着容易做到，即便是最杰出的精神导师，偶尔也不免受其困扰。重点不是我们受思虑困扰（这是无法避免的），而是当我们意识到自己耽于思虑时，会作何反应。只要不断提醒自己，我们的感受受制于思虑，而思虑又是一切痛苦之根源，我们便掌握了解脱之道。

第16章
"无思"路上的障碍

"生命的意义就在每个当下、每个呼吸和每一步脚下的路。"

—— 一行禅师

在通往"无思"的道路上，难免遇到各种各样的障碍，因此，我想给诸位打一剂预防针，希望能帮你顺利跨越障碍。

当你尝试着放下思虑后，会发现生活中的大部分时间不再为烦恼与压力所困。生活中的许多问题就此烟消云散，因为如果你不视其为问题，它们便不再构成问题。你会感到前所未有的平静与祥和，这种有生以来第一次的感受难免令你觉得陌生。

人类作为一种生物体，对陌生事物有着天然的排斥，因为陌生意味着不确定性。具有讽刺意味的是，正是在这种时刻，大多数人开始感觉不对劲儿，觉得一天中的大部分时间过得开心又平和是不正常的。许多人甚至觉得自己不如以前工作效率高，失去了"棱角"，变得懒惰了。这一切只是假象！真相是，你的大脑正在试图重启思考，以便营造一种"我所处的环境很安全"的幻觉。事实上，人类处于无忧无虑、身心愉悦的状态时，工作效率最高，创造力最强。当我们进入纯粹的愉悦状态时，时间恍如飞逝。事情变简单了，我们做得更好了，别人围着我们团团转，丰富的收获不请自来，奇迹不期然发生。凡此种种，都将在无思状态下发生，但前提是你停留在这一状态中的时间要足够长，等到那时，你绝不会再留恋从前的自己。

此时，信念的重要性格外凸显——相信一切都是最好的安排。坚信宇宙会支持你，而不是反对你。坚信每件事的发生自有其原因，生活中没有失败，只有帮助我们成长的经验与机遇。我们必须对未知充满信心，因为只有在未知的领域，对我们生活现状的改变才有可能发生。未知蕴含一切可能性，包括我们对生活的所有企盼。只要你克服内心的恐惧，勇于向未知迈开脚步，你的生活绝不会如死水般毫无波澜。

如果内心平和而充实令你感到反常，只需提醒自己，这是大脑在试图让你重启思考。大脑不愧为最优秀的推销员，只需三言两语便能哄骗你重陷思虑的恶性循环。此时此刻，你有两种选择：一是相信未知，继续感受静、爱、喜；二是重蹈覆辙，继续与痛苦和煎熬做伴。是在未知中获得自由与快乐，还是停留在熟悉的压抑与痛苦中，皆在你一念之间。

即便你难以摆脱思虑，也没有关系。不必为此自责，也无须感到惭愧。自我惩罚只会令思虑无限度地加深。思虑本就是人之常情。如果你发现自己又在胡思乱想，只需告诉自己，想得太多只会加重你的痛苦，只需停止思虑，便能重拾静、爱、喜的状态。只要你愿意，你可以不费吹灰之力完成这一转变。

第 **17** 章

然后呢?

"总有一天你会认为一切都结束了,那才是真正的开始。"

——路易斯·拉摩,小说家

尽管本书已接近尾声,但于你而言,这是崭新生活的起点。你与静、爱、喜仅有一步之遥——只需摒弃思考。请把这一点铭记于心。生活难免有起伏跌宕,但只需记住这一点,你在艰难前行的旅途中便有了希望。在本书伊始,我曾承诺,读罢本书后,你将脱胎换骨,成为一个彻底的新人。如果你确实抱着开放、宽容的心态翻开本书,相信读到此处,你已收获了许多足以颠覆自身人生观的真知灼见,而你也已经告别了那个陈旧的自己。一旦我们领略过全新的观念，便很难无视它们。我们的视野在得到拓展后也无法接受重新被条条框框束缚。有时我们可能淡忘这一点，不由自主地经受思虑的煎熬，但每当我们记起这一点，便会立刻意识到人之为人，就是在不断拓宽对生命的感悟，而静、爱、喜等诸般纯粹状态，皆存在于当下。

你可能在想："就这么简单？这就结束了？"这是你的大脑在怂恿你继续陷入思考。真理本就是至简至易的。那些繁冗复杂、令人费解的事物，只会混淆视听，掩盖真理。真理不是人们想出来的，而是自灵魂深处感受到且深以为然的。你的内在智慧本就知晓一切真理，只需静下心来，倾听它的召唤。让它为你的人生指引方向。当我们倾听灵魂深处的召唤时，那份充实与满足感是无与伦比的。这个世界仍会继续鼓吹"不要满足现状"，一遍又一遍地告诉我们，还有一些东西是我们应该得到但还没得到的。人们仍会源源不断地向我们灌输他们的观点、判断和建议。他们只不过是陷入自我的思考而不自知。你可以感谢他们的关心，但不要被"我需要别人帮助"的幻觉蒙蔽。你想要和需要的一切，早已藏在你的内心深处。你汲汲以求的爱、喜悦、平和与满足，本就蕴藏在你体内。我们只是有时会忘记这个事实，执迷于思虑，被它蒙蔽了头脑。

保持这种纯粹的平和状态，如果脑海中偶有念头闪过，任其自行来去便是。你保持这种状态的时间越长，你的生活中就会出现越多奇迹。你也许想和遇到的每个人分享这一喜讯，但事实上你根本不需要这样做，因为每个人都能看出来你变得焕然一新。你容光焕发，活力充沛，整个人流露出纯粹的爱与喜悦——所有人都想知道你是怎么做到的。你已经掌握了铲除心魔，时时刻刻拥抱静、爱、喜之境界的不二法门。或许，你现在就处于这样的状态，并且已经感受到随之而来的幸福。

你翻开这本书，在阅读的过程中与我一路同行，这绝非出于巧合。我时常惊叹于天意之奇妙，让我们能够在此相遇。感谢你在这段名为"人生"的无限美好的经历中，选择我陪你走了一程路，这令我备感荣幸与自豪。

在本章结笔之前，我有一个小小的请求。如果你觉得本书略有见地，对你有帮助，可否花上一分钟的时间在亚马逊网站（Amazon）留下对本书的评价。我很愿意看到你们的想法和观点、对本书内容的反馈、你们的个人经历，以及其他内容。你留下的简短评论将令更多同样在追寻答案的人有机会收到这份"福音"，一些人可能就此步入崭新的人生。

如果你有更多见解希望与我本人交流，请发送邮件至 hello@josephnguyen.org，我很乐意倾听你的一切想法。倾听别人的故事总能带给我深切的喜悦，因此我的收件箱总是欢迎那些愿意分享的人。期待收到你的来信。

愿爱与光降临。

约瑟夫

另：接下来是一份概述兼指南，可用来实操本书中的大部分内容。如果你觉得有用，并想了解更多内容，可移步至我的网站（www.josephnguyen.org），你将找到更多可作为参考的视频、表格和日记。新书发行也将在网站上宣布。

"无思"概述

· 思虑是一切痛苦之根源。

· 除了我们自身的思虑，没有什么能激起我们的负面情绪。一切皆归咎于我们想得太多，因此问题解决起来很容易。每当我们意识到是思考让我们产生了相应感受，只需停止思考，便能自然而然地回归静、爱、喜的天然状态。当我们放下思考，心里便腾出了一块空间，我们所渴望的正面情绪将在此生根发芽。

· 我们并不活在现实里，而是活在对现实的感知里，而一切感知都是以思考为前提的。

· 不是个人体验引发了思考，而是思考决定了个人体验。

· 人类在头脑中形成的想法并不等同于现实。

· 我们的想法只有在我们选择相信它时，才能控制我们。放弃对想法的迷信，便是放下了痛苦。

· 感受是我们内心自带的导航系统，无论我们对真理是缺乏理解还是有清醒的认识，感受都会给予我们直接的反馈。感受是在邀请我们加深对真理的了解。

· 当我们放下思考，就进入了心流状态。

· 当我们进入无思状态时，我们与宇宙中的万事万物亲密无间。我们一旦开始思考，便中断了与"本源"的联结，继而感到被孤立（"自我"正是在此时冒头）。

· 思考与想法是两个不同的概念。思考是动词，需要我们花费精力，还会引起我们的苦恼。想法是名词，它不是我们思考得来的，而是宇宙发送给我们的神圣信息。

· 思考是人类以生存为目的的一种生物反应。大脑之所以思考，是为了维持人类生存，但维护心灵健康并非它的责任。大脑只关心生存与安全，并不关注心灵的满足与快乐。思考是我们在实现"崇高自我"之路上的绊脚石，因为它会引起负面情绪，迫使我们放弃听从自己真实的心声。

· 我们的思想受个人经历的限制。如果你希望获得超越自己当下的能力范畴的见解、创造力与知识，就必须放下自身有限的智识，倾听无限智慧的指引。真理源源不断地流淌，它时刻存在，且面向所有人，但前提是你要抱持开放的态度去接纳它。

· 宇宙智慧是存在于宇宙万物中的能量。它是万物的本源。一切事物，包括人类，皆由它构成而得以成形。这种能量会给人带来爱、平和、喜悦、联结和幸福等种种感受。只要我们放下思虑，就能感受到它，这是人之天性。

· 我们随时都可以与无限智慧相联结，因此只要放下思虑，我们便能接收刷新个人体验的想法、理念与见解。这些真知灼见永远向我们敞开怀抱，我们越是信任自己的直觉与无限智慧，就能收获越多的深刻见解。

· 静、爱、喜等正面情绪皆是人之天性。只不过当我们开始思考时，便远离了天性。只要停止思考，我们便能回归人类天然的存在状态，毫不费力地接收正面情绪。

· 我们与更广阔的意识和更深刻的爱只有一念之遥，那就是摒除万念。

· 清醒是人类思想的本质和天然状态。但每当我们陷入思虑，便会被假象蒙蔽。我们只需停止思虑，便能恢复静、爱、喜的"出厂设置"，让思想重回清静。

· 宇宙中的万事万物本身无关对错，是我们认为它错了。我们也不需要被"修好"，因为我们原本就不坏。只需谨记一点：是思考造成了我们的痛苦。无须刻意干涉你的思绪。只要你转变对思考的看法，便能回归真我。真我是超越个体思想、个体肉身和个体认知的存在。从停止思考的那一刻起，你便掌握了无限智慧，也拥有了源源不断的静、爱、喜。它们随时向你开放，因为它们本就是人之天性。

· 当你为无限智慧腾出空间，它也会向你开放。你越信任它，它就越信任你。你能够为它腾出的空间是永无止境的。给你的生活和头脑做"断舍离"，为无限智慧提供栖身之所，接下来，你的生活也将焕然一新。

"无思"指南

· 摒弃那些容易让你陷入思考（迫使你开启"战斗"或"逃跑"模式）的事物。

· 摒弃那些无法带给你启发、振奋你心灵的事物和行为。

· 营造一个能够帮助你进入无思状态的环境。

· 践行晨间激活仪式，以平和、无思的状态开启新的一天。利用这段时间接收无限智慧的真知灼见，并让它们指引你的生活。

· 每天为自己留出一段时间，用来减压、放松，回归无思状态。列出那些可以帮助你做到这一点的事物，例如写日记、散步、冥想、陪宠物玩耍、打盹儿、做瑜伽，写下所有令你放松的事物。

进入无思状态的流程

1.意识到思考是一切痛苦之源（认清思考的本质）。

· 意识到你感到苦恼是因为你正在思考。

· 弄清思考与想法之间的区别。

· 不要费力去寻找根源，思考就是这一切的根源。

2.腾出一个空间，用来存放挥之不去的负面想法。

· 允许负面想法存在，承认它们的真实面目。

· 要明白，你是容纳诸般感受的一个神圣空间，但你并不等同于这些感受。

· 不要害怕与思虑独处，要勇敢地让它存在于你的意识中。接纳它，正视它，承认它。

· 要意识到只有在我们选择相信负面想法时，它才能控制我们。

· 只要你允许这些感受存在于你的意识中，不去刻意抗拒它们，你便能够透过这些感受窥见真理。

· 每一种感受都孕育着真理，能够帮助你加深个体意识，从而更充分地体验生命。

3. 正视思虑，然后任其自行来去，不纠结，也不留恋。诸如静、爱、喜等正面情绪会自然浮现。当它们出现时，你就尽情享受。

如果负面感受仍然萦绕不去，从第一步开始重复整个流程，直至你慢慢平静下来。

潜在障碍

1.不愿放弃思考，觉得你能坚持到现在都是因为它。

· 诚然，你这样想也没错，但必须意识到，它能带你走到现在并不意味着还能带你去往将来。如果你受够了在痛苦中恶性循环，不想重蹈覆辙直至自我毁灭，那么你必须做出改变。日复一日地走一条旧路，却期望它能带你去往一个全新的目的地，这不是痴心妄想吗？关键在于，你到底想不想获得快乐？如果你已经意识到思考是一切痛苦之源，从此以后只想开心度日，那你就必须转变观念，摒弃思考。

2.信念不够坚定。

· 如果你希望生活中的每一天都充满静、爱、喜，你必须首先相信这种生活的存在。你还必须相信自己属于一个更伟大的事物，一直受到它的关爱，它就是生命力量（宇宙）。尽管我们以有限的智识无法完全理解这个更伟大的事物，但也要对它抱有坚定的信念，唯其如此，才能摒弃执念，获得彻底的平静，不再终日郁郁。

3. 恐惧

· 当你选择相信宇宙时，难免会感到恐惧，因为宇宙意味着未知。我们对某个事物感到恐惧，说明它对我们很重要，这是一件好事。我们的内心深处非常清楚，只有穿过恐惧，才能触碰到那些我们渴望已久的事物。恐惧是我们在心愿达成之前必须经受的考验。消除恐惧的办法就是探究自己的内心，认识到无论发生什么，我们最终都会安然无恙。恐惧杀不死我们，但如果我们选择逃避，恐惧就会掠夺我们所有的梦想与活力。恐惧源于我们想得太多。如果我们不去想，就不会感到恐惧。无知者无畏。可参照上述流程进入无思状态，从而克服恐惧，摆脱桎梏，感受生命的自由。

如何知道自己正处于无思状态?

　　当你停止思考，你将体验到彻底的平静，源源不断的爱和喜悦，澎湃的激情和振奋，以及充沛的灵感与幸福，这些正面情绪都是你的意识能够清楚感知到的。一些念头可能会在你的脑海闪过，但你就像一块光滑的石头，任它们如水般流过，彼此互不牵连。只要不多做思考，便不会感到痛苦，遭受心理和情绪上的煎熬。你的思绪既不执于过往，亦不苦于将来。过往和将来既不存在，也不重要，因为你将全身心投入当下。你感到自己渐入心流状态。你失去了对时间、空间甚至自我意识的感知。你与生命融为一体。这时，你知道自己已经处于无思状态了。

内省提示语

用 1 ～ 10 中的一个数字评价你今天过得怎样（1 代表很烂，10 代表很好）。

你今天有多少时间是在"战斗"和"逃跑"模式中切换度过的？有多少时间处于放松、平静的状态？用百分比分别做出描述。

无思环境营造指南

你所处的环境既可能有助于你进入无思状态，也可能驱使你继续耽于思虑。

尽管现实是我们内心造物的向外投射，但很多时候我们仍会被环境所影响。既然我们是在精神层面存在栖身于物质世界，我们便无法与这个世界决裂，因此有必要营造一个有利于进入无思状态的环境。若要提高效率，最佳做法是排除干扰，而不是试图做更多事。

与此同理，尽可能地摒弃那些迫使我们继续思考的事物，也将有助于保持平静和谐的无思状态。但需谨记，只改变环境而不改变自我，是治标不治本，效果短暂。

二者巧妙结合，相辅相成，才是创造美好怡人生活的妙法。

如何清除思考诱因？

1. 找出那些容易驱使你陷入思考的事物，把它们列成清单。

A. 把你能想到的所有事物都写下来。让直觉帮你做选择。去感受你身边的这件事物是助长还是消耗你体内的能量。如果你的状态是平静、放松的，答案不言自明。

B. 如果你想不出来任何事物，还可以尝试去回忆有哪些事物很容易令你陷入"战斗"或"逃跑"模式，令你焦躁、多虑。任何迫使你维持生存模式的事物对你进入无思状态都不会起到帮助。

C. 如果你还是想不起任何事物，可以随身携带一个日记本，把一周里令你陷入"战斗"或"逃跑"模式的事物逐一记录下来。到了周末，你将得到一份内容丰富的清单。

2. 为你写下的事物进行分类。

A. 以下是一些分类建议：

I. 身体健康

你在摄入哪些物质后，会更容易出现"战斗"或"逃跑"反应（感到焦虑、压力、多虑）？例如食物、兴奋剂、饮料等。

II. 物理环境

你所处的物理环境中，有哪些事物更容易令你产生"战斗"或"逃跑"反应（感到焦虑、压力、多虑）？

III. 数字环境

手机、电脑、电视里的哪些事物更有可能激起你的"战斗"或"逃跑"反应（感到焦虑、压力、多虑）？

IV. 数字消费

你在消费哪些媒体／内容后,更容易出现"战斗"或"逃跑"反应（感到焦虑、压力、多虑）？

3. 重新整理清单，将每一个类别下的事物按照对你的影响从大到小依次排序。

4. 针对每个类别下排在第一位的事物，制订相应的行动计划，将它从你所处的环境中清除。只考虑可行、可控的办法，以免它给你制造更多压力（这与本次行动的初衷背道而驰）。从小事做起，当你习惯了这些变化，并且看到了它带来的影响，就可以着手清除其他事物了。

如何营造无思环境?

写下所有能帮助你进入放松、平和的无思状态的事物,例如体育锻炼、打坐冥想、聆听某类音乐、置身某个环境等等。

对你写下的事物进行分类。

1. 分类建议

I. 身体健康

你的身体在摄入哪些物质后,会感到健康、平和,精力持久充沛?

II. 物理环境

你所处的物理环境中，哪些事物有助于你感受到与神性自我的呼应？

III. 数字环境

手机、电脑或电视里的哪些事物有助于你感受到与神性自我的呼应？

IV. 数字消费

你在消费哪些媒体／内容后，更容易感受到与神性自我的呼应？

2. 对每个类别下的事物进行排序，把对你进入并保持无思状态帮助最大的排在最前，帮助最小的排在最后。

3. 针对每个类别下排名最高的事物，创建相应的行动计划，将之融入你的生活。一次只做一点点，别急于求成，否则你会觉得压力很大。只做当前可行的事，等到你逐渐习惯后，再去做更多事。

4. 每天清晨践行激活仪式，将有助于你进入无思状态，接近崇高自我。在力所能及的范围内规划出对你而言最理想的晨间仪式。先从小事做起，别给自己压力。只需确保你给自己留足了放空时间（可做些冥想、瑜伽等帮助你与无限智慧相联结的精神修行）。

5. 俗语云：一日之计在于晨。美好的清晨可以让你一整天都动力满满。如果你清晨一睁眼就开始刷手机、看邮件、被迫处理事务，你就会以充满压力、在"战斗"和"逃跑"之间跳腾、心事重重的状态开始这一天，当天剩余的时间也不会好到哪儿去。

6. 如果你坚持每天践行"无思"激活仪式，以平和的状态开启新的一天，这份动力可以延续一整天。外部事物很难困住你的头脑，给你制造思虑和压力。正是出于这一原因，伟大的精神导师都会做一些晨间功课。

如何在工作中做到"无思"?

1. 把工作中那些消耗你精力的事物——无论是你不喜欢处理的事务,还是令你感觉沉重的方面——都写下来。

2. 把工作中所有为你带来能量,令你感受到鼓舞、振奋、活力和轻松的事物都写下来。

3. 重读一遍你列出的清单,给每个事物打分,最消耗精力的打 1 分,令你觉得灵感和活力最旺盛的打 10 分。

4. 每周挑选出 1 ~ 3 件最消耗精力的事,停止做这些事;尽量多做那些得 9 或 10 分的事情。

5. 你要达到的目标是：80% 的工作时间都在做清单中的 9 分或 10 分事项。

破坏性习惯/行为克服指南

　　随着你想得越来越少，腾出的空间越来越多，很快你便会发现，原来自己有那么多总是在给你制造痛苦的坏习惯！这种情况是完全正常的。不必为此自责，那只会让事情变得更糟。以下是一份可以帮你改掉坏习惯的详细指南：

　　1. 先要意识到你想要改变哪些行为，并确定你是真心实意想做出改变。要知道，只要你想做出改变，停止痛苦的恶性循环，改变就会发生，但你必须放弃那些为你制造痛苦的执念。如果你无意改变现状，接下来的内容便与你无关了；但如果你想做出改变，让我们开始学着放手。

　　2. 准确、详尽地写下该行为的种种细节（发生过多少次，在什么时候发生等等）。不要遗漏任何细节。

3.在出现该行为之前，你的感受是怎样的？是哪种或哪些感受触发了该行为？不要逃避，坦诚面对自己的内心。

4.当时具体的思维模式是怎样的？当该行为发生时，你对自己说了些什么？详尽地描述出来。

5.你对该习惯的看法是什么？你是否得出了什么结论，促使你认为必须做出该行为或采取该行动？

6.当你相信自己的看法时，你的感受是怎样的？

7.你觉得如果你不做出这个行为，会发生什么？换言之，如果你不采取该行动，会产生什么后果？

8.如果你没有做出该行为，你所认为的后果是否100%会发生？

9. 你能否意识到自己的看法具有多大的破坏性，给你带来了多大的痛苦？

10. 现在，你是否愿意放手，让你的看法和它引发的行为随风消散？

11. 向内在智慧和崇高自我探询。它们想告诉你什么？它们想让你学到什么？它们是如何教会你为生活重建平衡的？它们希望当下的你获得哪些成长？为无限智慧腾出空间，让它的真知灼见向你阐明，你到底为什么想要做出这次改变。

12. 领悟到这一点后，让自己充分感受自由、平和与喜悦。是否感觉自己一身轻松了？当你在身体和精力两方面都感受到轻松，对先前的行为／习惯也改变了看法时，你会知道自己的做法是正确的。如果你油然生出感恩之情，就让自己充分沉浸在这份情绪中吧。

13. 把你获得的真知灼见和整个经历都记录下来，这样一来，你便拥有了一份关于生命奇迹的档案。

如果那种感受卷土重来，要怎么办？

按照指南中的步骤重来一遍，直到灵光一现，你看待生活的方式完全改变了。

致 谢

感谢你，西德尼·班克斯，与世界分享你所发现的真理。正是因为你，我才能够寻得内心的真相，把它们传递给更多人。

感谢我的导师与人生领路者——乔·贝利和迈克尔·尼尔，与我分享"三原理"，指引我走向崭新的人生。你们无私奉献的慷慨精神永远令我钦佩。感谢你们坚持不懈地为他人做出贡献。

感谢我亲爱的朋友与家人（妈妈、爸爸、安东尼、詹姆斯、克里斯蒂安、布莱恩，以及其他亲朋好友）帮助我发现内心的神性，鼓励我写下这本书。如果没有你们，这本书就不会存在。希望你们知道，对于我，以及与本书不期而遇的读者而言，你们的影响无所不在，甚至可以颠覆未来几代人的生命图景。

感谢你，玛肯娜，你拥有我所遇到过的最可爱、最热情的灵魂，你让我领略了真正毫无保留的爱。你的存在如此美丽，令我自惭形秽。你给予我、给予每个人源源不断的爱，令我无比感恩。